Joseph Weber

Vollständige Lehre der Elektrizität und Anwendung derselben

Joseph Weber

Vollständige Lehre der Elektrizität und Anwendung derselben

ISBN/EAN: 9783743622609

Hergestellt in Europa, USA, Kanada, Australien, Japan

Cover: Foto ©berggeist007 / pixelio.de

Weitere Bücher finden Sie auf **www.hansebooks.com**

Vorlesungen aus der Naturlehre.

Von
Joseph Weber.

Sechste Abhandlung.

Vollständige Lehre der Elektricität und Anwendung derselben.

Landshut,
bei Anton Weber,
1791.

Vollständige Lehre
von den
Gesetzen der Elektricität
und von
der Anwendung derselben.

Von
Joseph Weber,
Professor der Phisik an der Universität zu Dilingen.

Zum
Gebrauche seiner Vorlesungen aus der Naturlehre.

Landshut,
bei Anton Weber, 1791.

Dem

Hochwürdigsten, Durchleuchtigsten

Fürsten

und

Herrn Herrn

Clemens Wenceslaus,

Erzbischof zu Trier,

des h. r. Reiches durch Gallien, und das Königreich Arelat Erzkanzler,

und

Churfürsten,

Bischof zu Augsburg,

gefürsteten Probst und Herrn zu Ellwang,

gefürsteten Administrator zu Prüm, königl. Prinzen in Polen und Litthauen, Herzogen zu Sachsen rc. rc.

Meinem gnädigsten Churfürsten

und

Herrn Herrn.

Hochwürdigster Erzbischof,

Durchleuchtigster

Churfürst,

gnädigster Fürst und Herr Herr,

Eure Churfürstliche Durchleucht geruheten während Höchstihres Hierseins in Dilingen gnädigst, mich Ihres gnädigsten Wohlwollens und Ihrer Zufriedenheit in den allergnädigsten Ausdrücken zu versichern, und zur weitern Herausgabe meiner physikalischen Vorlesungen nachdrücklichst zu ermuntern.

[illegible]

und Ich

Ich war über die Aeußerungen der gnädigsten Gesinnungen Eurer Churfürstlichen Durchleucht gerührt, und fühle mich dadurch zu meinen Arbeiten neu gestärkt.

Nun setzen Eure Churfürstliche Durchleucht den erwiesenen höchsten Gnaden auch diese bei, und erlauben den gnädigst, daß ich dem sechsten Bändchen meiner Vorlesungen über die Naturlehre, den höchsten Namen Eurer Churfürstlichen Durchleucht voransetzen, und es als ein Denkmal meiner unbegrenzten Dankbegierde, und Ergebenheit Eurer Churfürstlichen Durchleucht zu Füßen legen darf.

Auch

Auch diese höchste Gnade soll mir neuer Antrieb sein, unter meinen Arbeiten nie zu ermüden, und den gerechtesten Wünschen Eurer Churfürstlichen Durchleucht, so viel in mir ist, treu nachzukommen.

Gott, der so wohlwollend überall aus der Natur hervorstrahlt, wolle

Eure

Eure Churfürstliche Durchleucht in stätem höchstem Wohlsein recht lange erhalten, und Höchstdieselbe die Früchte Höchstihrer gemeinnützigen Anstalten in Höchstihren Landen, und bei unserer Akademie, im vollen, gerüttelten Maaße ärnten lassen.

Mit diesen Gesinnungen der tiefsten Unterthänigkeit und Ehrfurcht bin und ersterbe ich

Eurer Churfürstlichen Durchleucht

Unterthänigst gehorsamster Diener
J. Weber, Professor.

Vorrede.

Die Lehre von der Elektricität, die ich hier abdrucken lassen, ist nicht etwa nur eine neue Auflage meines Aufsatzes „Theorie der Elektricität 1784." sondern eine neue Bearbeitung dieser Materie.

Ich gab mir Mühe, die noch schwankenden Begriffe in der Elektricitätslehre, so

gut

nen ich konnte, genau zu bestimmen; die lehrreichsten Experimente zu concentriren, und unter Rubriken zu bringen; Erfahrung und Gesetze von Vermuthungen zu sondern, und die Anwendungen von jenen möglichst vollständig darzustellen.

Dieß will der Titel dieses Buches: „vollständige Lehre von den Gesetzen der Elektricität, und von der Anwendung derselben.“

Die Abhandlung ist zunächst für meine Schüler bestimmt: deßwegen gehe ich immer vom Leichtern zum Schwerern über; — darum wähle ich stufenweise auffallende

re

re Erscheinungen, um meine Hörer auf die Wahrheit aufmerksam zu machen: „Es ist nichts gering in der Natur"; um in den kleinscheinenden Phänomenen ihren Beobachtungsgeist zu üben, und durch Erwartung und Nachholung des Frappanten ihre Wißbegierde zu reizen, und ihre Lernlust stäts aufs neue zu wecken und zu nähren: — auch stelle ich nun deßwillen den wohlfeilsten Apparat auf; wähle die möglichst leichten Versuche, um Anfängern Anlaß zu geben, mit geringem Aufwande die Experimente selbst nachmachen, durch eigenes Handanlegen sich in der Beobachtungskunst mehr üben, in Ruhestunden durch elektrische Versuche sich männlich erholen, und

da

dadurch sich und andern ein unschuldig Vergnügen verschaffen zu können.

Die Versuche, welche ich anführe, habe ich alle im Angesichte meiner Schüler und einiger meiner Freunde gemacht, habe alle geprüft; viele davon sind neue; und benutzte ich die Versuche anderer, so machte ich die Erfinder oder die Schriften derselben namhaft.

Die elektrischen Werkzeuge und Maschinen sind in diesem Werke nur da, wo es die Nothwendigkeit fodert, ausführlich beschrieben. Bei der immer wachsenden Anzahl der elektrischen Instrumente und

ihren

ihren Verbesserungen, fodert diese Materie eine neue Abhandlung, die ich unter dem Namen „elektrische Instrumentenlehre" nachzutragen gedenke.

Die Frage, was die elektrische Materie sei? bleibt hier ununtersucht. Ich habe einige Data zur Auflösung dieser Frage, wohin auch die Versuche mit der Electricität in verschiedenen Luftarten gehören, in meiner Abhandlung „Ueber das Feuer" angeführt, uud dort meine Meinung gesagt.

Die

Die Geschichte der Elektricität berühre ich am Ende dieses Buches, weil ichs so für Anfänger zweckmässig hielt.

Uebrigens bemühte ich mich kurz zu sein, ohne der Vollständigkeit und Deutlichkeit etwas zu vergeben.

Dilingen den 20. März 1791.

Prof. Weber.

Inhalt

Inhalt.

Gesetze der Elektricität.

§. 8:

§. 20.

Anwendung der Gesetze.

Anwendung der Gesetze auf die Elektrophore.

§. 50.

Anwendung der Gesetze auf die elektrische Verstärkung.

§. 62.

Anwendung der Gesetze auf die elektrischen Condensatorn.

Anwendung der Gesetze auf den Elektricitätsverdoppler.

Anwendung der Gesetze auf die natürliche Elektricität.

Anwendung der Gesetze auf Untersuchung der atmosphärischen Elektricität.

§. 103.

Anwendung der Gesetze auf die Verwahrungsmittel gegen das Schaden des Blitzes.

§. 122.

Anwendung der Gesetze auf

Anwendung der Gesetze auf die Manipulation bei Heilung der Kranken.

§. 132.

I.

Gesetze

der

Elektricität.

Alles hat sein Gesetz in der Natur.

§. 1.

Begriff von der Elektricität.

Elektricität entspringt vom griechischen Worte **Elektron**, welches in unserer Sprache den Bernstein oder den Agtstein bezeichnet. Man erfuhr, daß Bernstein nach einer Reibung leichte Körperchen bewege — anziehe, und dann wieder abstosse: diese Kraft hieß man **Bernsteinskraft, Agtsteinskraft, Elektricität.** —

Als man nachher die nemliche Erscheinung unter ähnlichen Umständen auch an andern Körpern wahrgenommen, und wohl gar im Dunkel unter Knistern ein Licht an ihnen entdeckt hatte; so veränderte man deshalb die Benennung nicht, sondern drückte die Kraft der geriebenen Körper, leichte Körperchen zu ziehen, dann wieder abzustossen, und im Dunkeln zu leuchten, allgemein durch das Wort **Elektricität** aus.

Jeder Körper heißt daher elektrisch oder elektrisirt, welcher nach einer an ihm vorgegangenen Reibung die Zeichen der Elektricität giebt, d. i. leichte Körperchen anziehet, hernach wieder abstößt, und im Dunkel unter einem knisternden Laut eine Art von Licht verspüren läßt.

§. 2.

Körper welche die Elektricität ursprünglich besitzen.

Versuche. Man reibe mit Katzenbalge, oder trockenem Tuche eine reine Glasröhre, einen gedörrten Stab aus Holz, eine Siegellakstange u. s. w. — Glasröhre, Siegellakstange ec. ziehen Papierfezchen, Goldblättchen, Baumwollflöckchen und andere leichte Körperchen an; stossen diese wieder ab, und geben unter Knistern ein Licht von sich.

Die

Die nemlichen Zeichen äußern sich an allen glasartigen und harzigten Körpern, am Wachse, an Zeugen aus Seide oder Wolle oder Leinwand, an getrocknetem Papiere u. s. w. Am Eise, an Metallen, wenn Platten davon in seidenen Schnüren aufgehängt mit Katzenbalge gerieben werden; am Merkurius, wenn er sich am Glase reibet — an der Kerzenflamme *) an der Luft, welche aus der Windbüchse herausfährt u. a. m. **).

*) Pr. Hemmer in den commentat. academ. theodoro palat. 1790.

**) Diese Beobachtung machte ich vor kurzem: das Rohr der Windbüchse muß aus Metall, und mit einer ungefütterten Bleikugel geladen sein: die Kugel fährt unter einem hellleuchtenden Lichtkegel aus der Oefnung des Rohrs.

Folgesätze.

I. Alle Körper, mit denen sich Versuche machen lassen, feste und flüssige, geben nach einer Art von Reibung, die an ihren Theilen vorgegangen, Zeichen der Elektricität: es läßt sich daher dieser Schluß auch auf die übrigen

Kör=

Körper ausdehnen, mit denen noch keine Versuche angestellet worden, so lange, bis ein positiver Beweis das Gegentheil darthut.

II. Es besitzt demnach ein jeder Körper, von Natur aus, ein gewisses Maaß jener Materie, welche den Grund elektrischer Erscheinungen enthält.

III. Indessen äußert sich die in allen Körpern vorhandene elektrische Materie erst alsdenn thätig, nachdem in den Körpern eine Aenderung, eine gewisse Bewegung, eine Art von Reibung seiner Theile vorgegangen.

IV. Weil in allen Körpern die Elektricität durch eine Art von Reibung erregt werden kann; so ergiebt sich, daß eine Abtheilung der Körper in ursprünglich elektrische (corpora idioelectrica) und ursprünglich unelektrische (anelectrica, symperioelectrica) ungegründet, und in der Naturlehre nicht wohl mehr zu dulden sei.

*) Man wendet ein: das Metall empfange die Elektricität vom Reibzeuge z. B. vom Katzenfelle; der elektrische Zustand des geriebenen Metalles beweise daher nicht, daß die Elek-

Elektricität ursprünglich im Metalle sei. — Allein, daß diese Besorgniß keinen Grund habe, erhellet daraus, daß die Elektricität des Metalles von ganz anderer Beschaffenheit ist, als jene des Reibzeuges: Körperlein, die das elektrisch gewordene Metall anzieht, werden vom Reibzeuge abgestossen, und umgekehrt: es kann also die Elektricität des Metalles nicht die vom Reibzeuge mitgetheilte Elektricität sein. (Weiter unten ausführlicher, und die unzweifelhaftesten Beweise hievon).

§. 3.

Versuche im luftleeren Raume.

Wird eine solche Anrichtung gemacht, daß man die Körper im luftleeren Raume reiben kann; so giebt der Erfolg, daß auch unter diesen Umständen die geriebenen Körper elektrisch werden. Das Anziehen leichter Körper erfolgt auch hier, aber nur in äußerst kurzen Abständen, und die elektrische Materie, die zwar nach ausgepumpter Luft leuchtender erscheint, als bei vorhandener Luft, verfliegt augenblicklich allerwärts.

2. Gekochter und gereinigter Merkurius, der in einem Barometerröhrchen steht, und über sich einen luftleeren Raum hat, stellet, wenn er auf- und ab- bewegt wird, diese Erscheinungen dar, ohne einen weitern Apparat nöthig zu haben.

I. Der Unterschied zwischen den elektrischen Versuchen im freien und im luftleeren Raume besteht also vornehmlich darinn, daß im Freien die erregte Elektricität sich mehr an den Körper fest hält; im luftleeren Raume aber verfliegt.

§. 4.
Wirkung und Mittheilung der Elektricität.

Versuche. Hängt man an einem Seidenfaden ein kleines Stückchen von Kork- oder Pfropfholze auf, und nähert ihm eine mit Katzenbalge elektrisirte Glas- oder Siegellakstange, so wird

1. das Korkkügelchen schon in der Ferne von vier Zollen zur Annäherung gereizt;

2.

2. stärker gereizt, je näher die elektrisirte Stange oder Röhre hinzugerückt wird, bis es mit beschleunigender Bewegung an dieselbe hinfliegt.

3. Einen Augenblick: — und das Korkkügelchen hat sich von dem elektrisirten Glase oder Siegellacke abgesondert.

4. Fährt man dem abfliegenden Korke mit der Glas- oder Siegellackstange nach, so weicht derselbe immer zurück; und

5. bei einer größern Annäherung stärker zurück.

6. Das Korkkügelchen allein und für sich erforscht giebt Zeichen der Elektricität.

Folgesätze.

I. Die elektrische Kraft wirkt auf eine Entfernung (1.).

II. Die Wirkung steht mit den Abständen vom elektrisirten Körper im verkehrten Verhältnisse (2, 3, 4, 5) — und zwar nach dem Gesetze der in die Ferne nach allen Seiten wirkenden Kräfte, im verkehrten Quadratverhältnisse der Abstände.

Dieß schloß auch Machon a) aus seinen Versuchen.

III. Die Elektricität kann auch **mitgetheilt werden**, sobald ein elektrisirter Körper mit einem nichtelektrisirten in Gemeinschaft kommt (6.).

§. 5.
Unterschied der Körper in Hinsicht der Empfänglichkeit der mitgetheilten Elektricität.

I. Man hänge an zweien Seidenfäden eine Glasröhre horizontal auf, und nähere ihr anfangs in einer **Entfernung**, hernach ganz nahe bis zur Berührung eine elektrisirte Glasröhre oder eine elektrisirte Siegellackstange.

1. Man wird nicht eher eines Zeichens der Elektricität in dem aufgehängten Glasstängchen gewahr als nach geschehener Berührung; ja

2. alsdann nicht allemal; und

3. nur

a) Grundsätze der Elektr. 1789. Leipzig.

3. nur am berührten Punkte oder — nahe um ihn herum; und in diesem Falle schwächer.

* Eben diese Erscheinungen erfolgen, wenn ein aufgehängtes Siegellackstängchen auf eine ähnliche Weise behandelt wird.

II. Haben die Glasröhre und die Siegellackstange die Elektricität einmal angenommen, so äußern sie dieselbe nur an den Berührungspunkten und etwa nahe daran

1. ziemlich lange;

2. Siegellack noch länger als Glas — auch nachdem die Glas- oder Siegellackstängchen mit der Hand berührt worden sind.

* Die angeführten Erscheinungen I. und II. werden in der Folge durch unzählige Versuche auffallend bestätigt.

III. Hängt man ein Metallstängchen horizontal an seidenen Fäden auf, und nähert demselben eine geriebene Glasröhre oder Siegellackstange; so

1. wird das Stängchen schon vor der Berührung elektrisch, und giebt dann an seiner ganzen Oberfläche Zeichen der Elektricität,

2. berührt mit dem Finger läßt es seine Elektricität auf einmal wieder an.

IV. Legt man die Stängchen aus Glas, Harz, und Metall auf den Tisch, und wiederholt die vorigen Versuche; so

1. wird zwar das Glas- und Siegellackstängchen an den berührten Punkten abermal —

2. Das Mettallstängchen aber an keinem Theile elektrisch werden.

3. Ja, die elektrisirten Punkte am Glase oder Siegellacke geben noch Zeichen der Elektricität, nachdem sie schon mit dem Finger berührt worden.

* Die nemlichen Erfolge bestätigen sich bei unzähligen Versuchen.

§. 6.

§. 6.

Folgesätze.

I. Glas und Siegellack *) nehmen die Elektricität ungerne von andern elektrischen Körpern an; nehmen sie bei angeführten Versuchen nur an den Berührungspunkten, oder an den nächsten Theilen daran, und in diesen schwächer auf; und gestatten ihr keine Vertheilung oder Ausbreitung durch ihre Oberflächen (I. 1. 3.).

*) Die neuliche Erfahrung hat man nur unter verschiedenen Graden an allen glasartigen und bituminösen, an ausgetrockneten Körpern z. B. am Holze, Leder, Papier, am Tuche, Seiden: Wolle: Leinwandzeugen u. s. w. — — Da sie nun die elektrische Materie ungerne annehmen, ihr keine merkliche Verbreitung gestatten — ihr widerstehen, — sie bei den gewöhnlichen Versuchen nicht merklich fortleiten, so bezeichnet man alle Körper dieser Art mit dem Namen „Nichtleiter, nichtleitende Körper" (corpora rescindentia), wohin vornehmlich auch die trockene Luft (§. 3.) zu rechnen ist.

II. Ist

II. Ist im Glase oder Harze die Elektricität durch Mittheilung einmal erregt, so halten sie hartnäckig über ihren Zustand, und zwar Harz mehr als Glas (II.).

III. Die Metalle *) nehmen die elektrische Kraft durch Mittheilung schnell an, und verbreiten sie eben so bereitwillig in ihre Nebentheile; aber vom Finger oder von dem Tische berühret, verlieren sie dieselbe wieder, und zwar auf einmal an allen ihren Theilen (III. IV.)

*) Nebst den Metallen locken, nehmen die Elektricität von den elektrisirten Körpern sehr gerne an, und verbreiten sie schnell durch ihre ganze Oberfläche, die Halbmetalle, die thierischen und Gewächsstoffe, feuchte Massen, wässerigte Dünste, verdünnte Luft u. a. m. — Körper dieser Art, heissen deshalb Leiter, leitende (conductores, deferentia corpora).

§. 7.

Von den Kräften, welche die leitenden und mittheilenden Massen auf die elektrische Materie, und diese auf Körper aller Art ausüben.

Die elektrische Materie, was sie nun immer ist, befindet sich in den Zwischenräumen aller Körper (§. 2. II.) und hängt mit ihnen zusammen.

Zusammenhang ist eine Erscheinung, eine Wirklichkeit, die eine Kraft voraussetzet, eine Kraft, welche der Absonderung eben dieser elektrischen Materie von ihrem Körper widersteht: es äußert sich auch wirklich im Körper keine Elektricität, wenn nicht eine äußerliche Gewalt hinzukommt (§. 2. III.). Nun muß aber die Wirkung ein genaues Verhältniß mit der Ursache haben; da nun bei der Annäherung des geriebenen Glasrohres zu dem Harze oder Glase, das Anhängen der elektrischen Materie nur an den berührten, und an den ihnen nahen Punkten statt findet (§. 5. I.); diese die empfangene Elektricität in ihre Nebentheile nicht verbreiten, und einmal elektrisirt über ihren

Zü-

Zustand hartnäckig halten (§. 5. II.); so muß sich

> die Ziehekraft, welche die Glas- und harzigen Körper auf die elektrische Materie äußern, auf ganz kurze Abstände erstrecken; aber sehr stark und intens sein.

Im Gegentheile, da sich die Elektricität den Theilen metallartiger Körper sehr gierig, schon in einer Entfernung mittheilt: und diese die mitgetheilte Elektricität äußerst schnell in ihre ganze Oberfläche verbreiten (§. 5. III.) so müssen

> die ableitenden Körper ihre Ziehekraft auf die elektrische Materie stark und in weiten Entfernungen ausüben.

Da sich endlich aus allen Erfahrungen ergiebt, wie es aus dem folgenden erhellet, daß sich die elektrische Materie gegen alle Körper, vorzüglich aber gegen die Theile leitender Körper — und nach einem Verhältniß der elektrischen Anladung oder Entladung derselben bewegt, und sich mit ih-

ihnen Blitzschnell vereint, sobald der nöthige Abstand vorhanden, und kein ander Hinderniß da ist; so läßt sich schließen, daß

die elektrische Materie gegen jede Körper, vornehmlich gegen die Metalle und andere leitenden Körper eine starke Ziehkraft — nach den chemischen Verwandtschaftsgesetzen ausübe — und in allen Körpern die respective Sättigung herzustellen strebe.

Woraus dann folgende Gesetze fließen.

§. 8.

Gesetze.

I. Die **nichtleitenden** Körper **ziehen** die elektrische Materie nur in kleinen Abständen, aber sehr stark an sich.

II. Die **leitenden** Körper **ziehen** die elektrische Materie stark, und in weiten Abständen an sich.

III. Die **elektrische Materie zieht** Körpertheilchen jeder Art, jene aber der **Leiter** vorzüglich stark an sich; **hat eine Verwandtschaft mit allen**, die **größte mit Leitern**, und strebt den chemischen Verwandtschaftsgesetzen gemäß, mit größter Energie nach respectiver Sättigung.

* Alle Körper, die wir kennen, nehmen bei gewisser Behandlung noch zu ihrer natürlichen Elektricität von andern ein neues Quantum elektrischer Materie auf: es wird deshalb wohl kein körperliches Wesen mit elektrischer Materie absolut gesättiget sein? — Man kann daher in Hinsicht auf die Menge der vorhandenen elektrischen Materie in den Körpern dreierlei Zustände denken — jenen, worinn der Körper seine natürliche respective Sättigung mit andern angrenzenden hat = E; jenen, worinn er mehr = + E; und jenen, worinn er weniger Elektricität hat als bei respectiver Sättigung = — E.

** Daß die chemischen Verwandtschaftsgesetze bei der Elektricität durchaus statt finden, lehren alle Erscheinungen der Elektricität: ich werde daher diese Jdee durchaus in dieser Abhandlung verfolgen; ich bringe dadurch mehr

Be-

Bestimmtheit in den Ausdruck, und mehr Einfachheit in die Theorie, u. s. a. m.

*** Unter andern Verwandtschaftgesetzen ist in der Folge dieses besonders anwendbar: „die mit elektrischer Materie minder gesättigten Körpertheilchen ziehen die elektrische Materie von den angrenzenden mehr gesättigten im Verhältnisse des Unterschiedes der Sättigung an? —

§. 9.

Unvollkommenheit der Leiter und der Nichtleiter.

Hängt man einen leitenden Körper z. B. ein Metallstängchen an seidenen Schnüren auf, oder legt es auf Glas oder Harz oder auf einen andern nichtleitenden Körper, so, daß alle Gemeinschaft mit Leitern abgeschnitten ist, so behält der auf solche Weise abgesonderte Körper seine Elektricität eine Zeit lang, wenn sie ihm wie immer mitgetheilt wird. — Da sagt man denn

Die Nichtleiter lassen die elektrische Materie nicht durch — oder insuliren, isoliren sie.

Indeß ist die Undurchgängigkeit der Nichtleiter keines Weges vollkommen. Es zerfließt die elektrische Materie nach und nach auf der Oberfläche des Glases, des Harzes, oder der seidenen Schnüre, und theilt sich allmählig den angrenzenden Leitern und der ringsum anliegenden Luft mit: wie es das unmerkliche Verkommen aller Elektricität erweiset; und wie ich dieß weiter unten durch vielerlei Versuche handgreiflich darthun werde.

Metalle und andere leitende Massen lassen die elektrische Materie durch; weil aber zwischen den Körpern, und dem elektrischen Wesen eine gegenseitige Ziehkraft herrschet; so fehlt es auch der elektrischen Materie nicht an Hinderniß im Durchgange durch die leitenden Körpertheilchen.

I. Es giebt also für die elektrische Materie weder einen vollkommen durchgängigen, noch vollkommen undurchgängigen d. i. vollkommen isolirenden Körper;

per; — mit andern Worten: **Es giebt weder vollkommene Leiter, noch vollkommene Nichtleiter.** — **Marat** b) wählte deshalb statt der Ausdrücke Leiter und Nichtleiter „**zulassende**, deferentia, welche einen Stoß durchlassen, und **nichtzulassende**, non deferentia, welche **keinen Stoß** durchlassen" allein es bedarfen auch diese Ausdrücke Einschränkungen.

* **Kristallglas** sondert, isolirt nicht so gut als **weißes Wachs**, dieses nicht so gut als **Federharz**, dieses nicht so gut als **Schwefel**, dieser nicht so gut als **Harz**, dieses nicht so gut als die **Seide** und die **Luft** . . . Selbst die **Gläser**, **Harze** u. d. gl. — sind nicht alle gleich undurchgängig.

** Körper, die die elektrische Materie **nicht** so **figiren**, wie Glas, Harz u. d. gl. aber auch **nicht so bereitwillig durchlassen** und fortleiten wie die Metalle u. d. gl. heißt man **Halbleiter, schlechte Leiter**: dahin gehören die nicht ganz vertrockneten Holze, die

b) Phisische Untersuchungen über die Elektricität. Aus dem Franz. übers. v. Weigel. Leipzig 1784.

die nicht ganz trockene Luft u. s. w. — Ein Verzeichniß der sogenannten Leiter, Nichtleiter, Halbleiter findet sich bei Cavallo c) u. a. m.

*** Holz vom Stamme weg, leitet die elektrische Materie ab; wird es gedörrt, so ist seine leitende Eigenschaft verloren; zu Kohlen gebrannt, wird es abermal ein Leiter; in Asche verwandelt, ist es ein Nichtleiter. — Das Eis ist bei einer Kälte von 8 Graden Reaum. leitend; bei einer stärkern Kälte von 20 Gr. nichtleitend (Achard) u. s. w.

§. 10.

Vermuthungen von den Ursachen der bisher angeführten Erscheinungen.

Aus dem vorhergehenden läßt die Erklärung auffallendster Phänomene ganz natürlich.

1. Warum verbreiten die nichtleitenden Körper die empfangene Elektricität nicht

c) Vollständige Abhandlung der theoretisch und prakt. Lehre v. der Elektricität x. aus dem Engl. übers. Leipzig 1779.

nicht oder nur sehr langsam und in geringer Menge in ihre Nebentheile? — Antwort: die nichtleitenden Körper üben auf die elektrische Materie eine sehr große Ziehkraft aus, und fixiren sie: und da die Wirkungssphäre der Nebentheile sich auf gar kurze Abstände erstreckt, so können sie den Zusammenhang der elektrischen Materie mit ihren Nebentheilen nicht so leicht überwinden, und verweigern eben dadurch der elektrischen Materie die Verbreitung durch ihre Oberfläche und den Durchgang.

2. **Warum verbreiten die Leiter die elektrische Materie in alle ihre Theile, und augenblicks durch ihre ganze Oberfläche? —** Antwort: die Ziehekräfte der leitenden Massen erstrecken sich auf weite Abstände; die Verwandtschaft der elektrischen Materie mit den Leitern ist obendrein sehr groß. Daraus folgt dann das Verfließen der elektrischen Materie in die Nebentheile, und die schnelle allseitige Vertheilung derselben durch die ganze Oberfläche wird nothwendig.

3. **Woher rührt es, daß es weder vollkommene Leiter noch vollkommene Nichtleiter giebt? —** Antwort: die Ziehekräf-

Kräfte, welche die leitenden Massen auf die elektrische Materie äussern, werden immer den Durchfluß des elektrischen Wesens in etwas zurückhalten. — Und die elektrische Materie wird nach gestörter natürlichen respectiven Sättigung sich immer von den mehr gesättigten Theilen der Nichtleiter in etwas losreissen, und in die minder gesättigten übergehen, und so nach und nach über ihre Oberfläche hingleiten.

4. **Warum wird der nemliche Körper nach einigen Aenderungen aus einem Leiter ein Nichtleiter und umgekehrt?** — Antwort: bei Veränderung eines Körpers gehen entweder **einige Theile** davon, oder es kommen neue hinzu; oder die **Lage** der **Theile** und ihre **Textur** wird wie immer geändert: Da nun die Wirksamkeit der Kräfte in den Körpern von der **Natur der Theile**, und dieser ihren **Abständen** abhängt d), so ists einleuchtend, daß der geänderte Körper eine **Disposition** entweder zum **Festhalten**, oder zum **Verbreiten** der elektrischen Materie, und zwar **in verschiedenen Graden**, bekommen müsse. — — Die **Eigenschaft des Nichtleitens**, und

d) M. Vorles. aus der Naturl. I. Abh. Dilingen 1789.

und die Grade dieser Eigenschaft hängen daher ab von den Bestandtheilen, dem Verhältnisse derselben untereinander, ihrer Verbindung und Menge, grössern und kleinern Zwischenräumen, Kälte und Wärme u. a. woraus sich dann von selbst die Erklärungen mancher anderer Erscheinungen ergeben.

§. 11.

Verschiedenheit der Elektricität am geriebenen Glase und Harze.

Versuche. 1. Man elektrisire durch eine Siegellackstange einen isolirten Kork: nach der Berührung flieht er von dem Siegellack.

2. Man nähere ihm itzt eine geriebene Glasröhre; diese zieht ihn mit Gewalt an.

3. Benimmt man hierauf dem Korkkügelchen seinen elektrischen Zustand dadurch, daß man es in die Hand nimmt, und elektrisirt es von neuem mit der Glasröhre, so flieht das vom Glas elektrisirte Kügelein vor dem geriebenen Glase; wird aber

4. Von der Siegellackstange mächtig angezogen.

Folge.

Folgesatz.

Glas und Harz äußern gerieben eine Elektricität, die entweder der Natur nach, oder nach den Graden der Anhäufung in einem, und Erschöpfung im andern, voneinander verschieden ist.

* Du Fai nannte diese verschiedene Elektricitäten Glas- und Harzelektricitäten, electricitas vitrea & resinosa e). Watson hieß sie Plus- und Minuselektricität. Franklin gab ihnen den Namen der positiven und negativen Elektricität f). Als nachher Simmer, Kratzenstein u. a. wieder andere Benennungen und Meinungen eingeführt, so wählte Lichtenberg die bequeme Bezeichnung + E (Elektricität durch Reibung des Glases erregt) und — E (Elektricität durch Reibung des Harzes erweckt) g).

§. 12.

e) Mem. de Paris. 1733.

f) J. Priestlei, Geschichte der Elektr. rc. Uebers. v. Krünitz. Berlin. 1772.

g) Anfangsgründe der Naturl. von Erxleben mit Zusätzen von Lichtenb. Dritte Aufl. Götting. 1784.

§. 12.

Weitere Versuche.

Reibt man eine Siegellackstange mit Katzenbalg, und elektrisirt damit ein Korkkügelchen, wie in den vorigen Versuchen; so stößt es nach der Berührung den Kork; legt man eben dasselbe Siegellackstängchen, nachdem man ihm die Elektricität mit der Hand benommen, auf ein anders mit Katzenbalg geriebenes, und streicht mit dem Finger längs darüber weg; so zieht es den Kork eben so wie das Glas. — Wird eine Glasstreife auf dem Tische aufgelegt, und mit einem Katzenbalge gestrichen; so zieht es den mit Siegellack elektrisirten Kork mächtig an: bringt man nun über diese elektrisirte Glasstreife eine ähnliche, und streicht mit dem Finger darüber; so stößt das Glas alsobald den Kork, so wie das Harz.

* In der Folge kommen eine Menge Versuche vor, die überzeugend darthun, Harz bringe unter gewisser Zubereitung eben die Wirkung hervor, welche Glas hervorbringt; und Glas eben dieselbe, derer man im Harze gewahr wird.

Folge.

Folgesätze.

I. Glas besitzt demnach keine Elektricität, die von jener des Harzes wesentlich und der Natur nach verschieden ist; — und mithin giebt es keine Glas- und Harzelektricitäten — oder weß Namens sie sein sollten — Oder wird sich durch blosses Anrühren des Glases und des Harzes die Natur ihrer Elektricität ändern? —

II. Der Unterschied also, den man zwischen den Wirkungen des durch Reiben elektrisirten Glases und Harzes gewöhnlich beobachtet, muß von verschiedenen Graden der Anhäufung der elektrischen Materie in einem, und Erschöpfung derselben im andern, hergeleitet werden (§. 11. Folges.). Einer von diesen Körpern muß respectiv saturirter seyn, muß mehr elektrische Materie als in seinem natürlichen Zustande — Ueberfluß + E, der andere weniger als in seinem natürlichen Zustande — E, Abgang haben.

III. Da sich Anhäufung und Erschöpfung als wie positive und negative Größen verhalten, so sind die Ausdrücke " positiv und negativ

negativ elektrisch" so unpassend nicht: was man auch immer dagegen einwenden mag.

* Grenzen zwei Körper aneinander, deren respective Sättigung mit elektrischer Materie merklich verschieden ist; so wird die Aenderung dieser Körper dadurch merkbar werden, daß die elektrische Materie von einem in den andern überströmt, oder ihn sonst modifizirt: **Die Wirkungen der Elektricität sind daher in allen Fällen positiv**; die **Erschöpfung** in einem ist **nur Grund der Möglichkeit**, daß die angehäufte elektrische Materie wirksam wird — und **im Verhältniß der Erschöpfung** wirksam wird. (§. 8. ***.) — **Die negativen Grössen** haben auch ihr **Magis** und ihr **Minus**: es kann daher in einem Körper die elektrische Materie im höheren Grade ausgeleert, als in einem andern angeladen sein u. s. w.

** **Eine** elektrische Materie reicht auch wirklich zu, alle und jede Erscheinungen befriedigend zu erklären: Warum sollen wir gegen alle Analogie von der **Einfachheit der Natur** in Anwendung ihrer Kräfte abgehen? u. s. w.

---

§. 13.

§. 13.

Versuche

zur Bestimmung der Elektricität des Glases und des Harzes.

Vorausgesetzt, daß Katzenbalg mit der Hand gestrichen, die nemliche Elektricität habe, als geriebenes Glas; und Leinwand mit Katzenbalg gestrichen eben jene, welche das gestrichene Harz äussert, so reibe man mit der blossen trockenen Hand einen an seidenen Schnüren aufgehängten wohlgetrockneten Katzenbalg, und nähere ihm einen spitzig zugehenden Leiter z. B. den Knöchel des Fingers, es erscheint ein Knötchen Feuers (Fig. 1. Taf. I.) an dem Fingerknöchel. — Reibt man eine auf einer Rahme angemachte, wohlgetrocknete Leinwand, so kommt am Finger ein conusförmiger Stral (Fig. 2. Taf. I.) ein langstraliger Büschel Feuer hervor, der sich gegen die Leinwand hin ausbreitet.

Folgesätze.

I. Glas und ihm ähnliche Körper werden gewöhnlich durch Reiben mit elektrischer Materie angefüllt — mehr saturirt cirt — Harz und ihm ähnliche ihrer Elektricität beraubt; denn das Knötchen an dem Fingerknöchel ist ein Zeichen, daß der Finger elektrische Materie empfange; — der stralige Feuerbüschel aber ein Zeichen, daß der Finger hergebe.

* Werden Spitzen, deren eine mehr saturirt ist als die andere, einander genähert; so muß an beiden ein conusförmiges Feuer erscheinen, weil die ausströmende Materie sich wieder zusammenziehen, und in die andere Spitze eindringen muß.

** Henlei zeigte den Unterschied der Elektricität des Glases von jener des Harzes dadurch, daß bei der Entladung einer Flasche eine verschiedene Richtung der Flamme wahrgenommen werde. — Marat bemerkte im finstern Zimmer, daß die Pluselektricität (jene des Glases) den Dunstkreis eines glühenden Körpers, den man ihr entgegen stellt, verjage: die Minuselektricität (jene des Harzes) keine Veränderung in demselben verursache. — Prof. Lichtenberg bemühete sich den Unterschied der Elektricitäten durch jene Figuren zu zeigen, welche der Staub auf positiven und negativen

Flächen

Flächen z. B. auf dem Harzkuchen bildet. — Abbé **Chappe** giebt den Unterschied dadurch an, daß eine positive Spitze den Schlag auf eine größere Weite schlägt als eine negative; der dazu eigens erfundene Apparat findet sich in dem Magazin für das Neueste aus der Physik. VIII. 1. St. 1790. — H. Prof. **Voigt** fand bei seinen elektrischen Dianenbäumen, daß die Dentriten durch die positive Elektricität aufrecht, durch die negative verkehrt dargestellt werden: im angezeigten Mag. S. 171.

II. Da sich Körper vom nemlichen elektrischen Zustande stossen, vom verschiedenen Anziehen (§. 11.); so dient ein durch einen Seidenfaden isolirtes Korkkügelchen als ein Mittel, die entgegengesetzten Elektricitäten zu bestimmen: ist es mit einer Siegellackstange elektrisirt, und wird es von einem elektrisirten angezogen, so ist in diesem die elektrische Materie angehäuft: flieht es aber von ihm, so ist er an einem Theile seiner elektrischen Materie beraubt. — So ein Kügelchen mag deßhalb als ein **Elektricitätsforscher**, **Probirinstrument** gelten, d. i. ein **Werkzeug, welches dient, die entgegengesetzten Elektricitäten zu entdecken.**

* Wir zeigten oben (§. 2. III.): daß die elektrische Materie durch eine Art **Reibung** thätig werde; dieß bestätigen allgemein alle Versuche. Freilich werden Schwefel, alle andere harzige Körper, Chokolate u. s. w. durch **Schmelzen** und **Wiederabkühlen** elektrisch; **Turmalin** und viele Edelsteine werden durch blosse **Erwärmung** elektrisirt. Warmgemachtes Glas läßt sich mit einem **Blasebalg** elektrisiren. — Allein beim Andringen der elastischen Lufttheilchen gegen das Glas geht nichts anders als eine Reibung vor. — Die Wärme dehnt alle Körper, so auch den Turmalin 2c. aus, macht, daß sich die Theile einander reiben. — **Erkalten** erhitzte und geschmolzene Harzkörper, so ziehen sich die Theile in einen engern Raum zusammen: sie müssen sich daher von den Plätzen, die sie beim Hingießen auf einen Körper behaupteten, wegbegeben, mithin sich über einen Körper hinreiben u. s. w.

** Man findet durch künstliche Werkzeuge, deren wir später erwähnen werden, die **Dämpfe** elektrisch. — **Abdampfung**, **Gährung**, Effervescenzen u. d. gl. sind Auflösungen der Körper; da nun die elektrische Materie in allen Körpern **vorhanden**, und mit ihnen in Verbindung ist; so ist bei Trennung der Körper die Loswerdung der elektrischen Materie und ihre Wirkung auf empfindliche Werkzeuge nothwendig. — Abdampfung u. d. gl. mag daher wohl nicht eigentlich zu den Erweckungsmitteln der Elektricität gerechnet werden?

§. 14.

Satz: Nur eine bestimmte Reibung erregt die Elektricität in einem merklichen Grade.

— **Erfahrung.** Es mag die stärkste Baßsaite zittern, und eine einstimmende Glasfläche zum ähnlichen Zittern determiniren: nicht die geringste Spur von Elektricität wird man an ihr gewahr. — Man ziehe eine Glasröhre durch die trockene Hand, und man findet selten ein Zeichen der Elektricität am Glase. Reibt man die nemliche Glasröhre mit einem trockenen Tuche, so erhält man Zeichen einer schwachen Elektricität. Geschiehet aber die Reibung an einem zarten Pelze, alsdann wirkt die Elektricität des Glases sehr lebhaft. — Reibe ich einen vom Kürschner zugerichteten Katzenbalg auf seiner haarlosen Seite mit einem seidenen Tuche, so

wird

wird der Balg positiv elektrisch; reibe ich ihn aber mit einem Pelze, so wird er negativ. — Es kommen noch andere bemerkungswürdige Phänomene beim Reiben der Körper aneinander vor. Gemeiniglich wird die Elektricität geschwinder und stärker erregt, wenn das Reiben stärker und anhaltend ist. — Sind die Reibzeuge **nichtleitende** Körper, so ist die erregte Elektricität allemal sehr schwach u. s. w.

Folgesatz.

Die Bewegung, Reibung ꝛc. der Körper zur merklichen Erweckung der Elektricität muß von gewisser bestimmter Art seyn.

* Wie viele Grade finden nun aber in dieser **bestimmten** Bewegung, Reibung, Erschütterung der Körpertheilchen, welche die elektrische Materie in Thätigkeit setzet, nicht statt? —— Reiben sich zwei Körper von einerlei Art, auch nach allen äusserlichen Umständen ganz gleiche Körper aneinander, deren einer ruhet, und der andere sich über ihn bewegt, so muß die elektrische Materie in einem dieser Körper anders erschüttert, in einem andern Grade bewegt, und mithin **früher** oder **stärker**

als im andern wirksam werden. — Zur nähern Berichtigung nachstehende Versuche.

Die Dinge in der Körperwelt sind in steter Bewegung: wie natürlich läßt daraus die Vermuthung, daß die Anhäufungen und Erschöpfungen der elektrischen Materie in den Körpern, oder blos in einigen Theilen derselben unaufhörlich fortwähren — und folglich gar kein unelektrisirter Körpertheil in der Welt sei? —— Wie wirksam muß demnach die elektrische Materie in der Natur sein! — Und, wären unsere Sinne scharf genug, die Thätigkeit des elektrischen Wesens wahrzunehmen, welche Aufschlüsse über die Naturerscheinungen würden sie hervorfinden? — Eben die vorher erwähnten Figuren des Lichtenbergs, die gebildet werden vom Staube, welcher von ohngefähr über eine Harzfläche fällt, oder aus Absicht darüber gestreuet wird, mögen darinn ihren Grund haben, daß sogar die kleinsten Theilchen eines elektrischen Körpers in verschiedenen Graden elektrisirt, und auf den Staub dadurch verschieden wirksam, und zu dessen Kristallisirung geschickt werden. — —

§. 15.

§. 15.

Die Gesetze der Erscheinungen beim Reiben der Körper aneinander.

1. Man reibe mit einem isolirten Katzenbalg über eine Leinwand, welche über eine Rahme gemacht ist, weg: — Leinwand und Katzenbalg sind elektrisch geworden, jene negativ, dieser positiv. 2. Man reibe geschliffenes oder mattes Glas, welches auf einer Fläche aufliegt, mit Katzenbalg: — das Glas wird positiv, der Balg negativ elektrisch. 3. Man reibe Katzenbalg, der isolirt auf einer Fläche liegt, mit dem nemlichen matten oder geschliffenen Glase: — die Pelzhaare werden positiv, und das Glas negativ elektrisch. 4. Man reibe ein Stück Katzenbalg auf einem andern, das vom nemlichen abgeschnitten, mit ihm von gleichem Wärmegrade, und unter allen scheinbaren Umständen demselben ganz ähnlich ist: — der Katzenbalg welcher aufliegt, wird positiv elektrisirt, jener, der reibt, negativ. 5. Man reibe die rauhe Seite eines Katzenbalges, so wie sie vom Kürschner kommt, mit Seide, mit Bein, polirtem Holze u. a.: — die rauhe Seite wird positiv, und die Reibzeuge werden negativ elektrisirt.

6. Die

6. Die nemliche haarlose Seite des Balges mit Metall oder Pelze gerieben wird negativ elektrisch, Pelze und Metall aber werden positiv befunden u. s. w. h).

Folgesätze.

I. Zwei Körper, die durch gegenseitiges Reiben die Elektricität erregen, werden miteinander, aber sich entgegengesetzt elektrisirt. (1. 2. 3.) Einer giebt, der andere nimmt die elektrische Materie.

II. Zwei Körper elektrisiren sich einander wechselweise entgegengesetzt, wenn einer, der in Bewegung war, in Ruhe kommt, und dieser sich über den andern bewegt, während daß die übrigen Umstände ganz gleich sind. (2. 3.)

III. Zwei gleichartige Körper, unter völlig gleichen äußern Umständen mit einander gerieben, werden elektrisch, und sich einander entgegengesetzt elektrisch. (4.) —

IV.

h) M. positiver Luftelektrophor rc. Augsburg 1782.

IV. Die bestimmte Art der Elektricität hängt nicht allein von einer bestimmten Oberfläche ab; und der mehr rauhe wird nicht allemal negativ elektrisch (2. 3. 4. 5.) wie Herbert u. a. wollten i).

V. Alle Aenderungen, die bei den Versuchen mit ungleich- oder mit gleichartigen, und unter allen scheinbaren Umständen einander sich völlig ähnlichen Körpern vorgegangen (2. 3. 4.) bestehen darinn, daß einer, der anfangs auflag, alsdenn Reibzeug geworden — wechselweise wirkend und leidend gewesen — der leidende wird allemal negativ, der wirkende positiv.

* Diese Gesetze lassen sich durch einen sehr schönen Versuch bestätigen. Man isolire eine Person, stelle sie z. B. auf seidene Stricke, die über eine starke Rahme mit vier Untersätzen (Fig. 4. I. Taf.) gemacht sind; und schlage etlichemale mit einem wohlgetrockneten Fuchsschweif auf den Rücken derselben. Hierauf lasse man die isolirte Person einen Finger dem Probierinstrumente annähern; der negativ elektri-

sirte

i) Theoria phoenom. electr. Viennae 1778.

sirte Kork fliehet alsobald, und die isolirte Person giebt von einer andern, die auf dem Fußboden steht, berührt einen Funken. — Nun lasse sich jemand, der auf dem Boden steht, von der isolirten Person mit dem Fuchsschweif peitschen; nach etlichen ausgetheilten Schlägen ziehet die isolirte Person den negativ elektrisirten Kork, und berührt giebt sie wieder einen Funken. — Nemlich die Person, welche zuschlägt, wirket, erhält die positive, jene aber, welche geschlagen wird, leidet, erhält die negative Elektricität. — Dieß erhellet noch besser, wenn beide Personen isolirt sind, und einander wechselsweise mit der Fuchsruthe peitschen.

§. 16.

Versuche, die Erscheinungen der Elektricität, ohne Verstärkung, im Grossen darzustellen, durch Hilfe der Maschinen.

Beschreibung. Eine Anrichtung, um die Elektricität eines Körpers durch Reiben stark und anhaltend zu erwecken, und andern Körpern mitzutheilen, heißt man eine elektrische Maschine, Machina electrica.

Das,

Das, woran der Körper z. B. gedörrt Holz, Glas u. s. w. gerieben wird, nennet man das **Reibzeug**, **Reibküssen**.

Der leitende Körper, der die erregte elektrische Maschiene vom Reibzeuge aufnimmt, oder sie dasselbe unmittelbar absetzt, wird der **Zuführer** Adductor, Collector. —

Jener leitende Körper aber, dem der Collector seine Elektricität zuführt, oder aus ihm sammelt, der **Conductor**, **Hauptleiter**, **erster Leiter** genennt.

Setzet man einen Conductor mit dem Reibzeuge in gehörige Gemeinschaft, so heißt man ihn den **Nebenleiter**.

Ich beschreibe hier die Maschine, die ich für die Schule besonders brauchbar halte, weil sie wohlfeil, und zu lehrreichen Versuchen besonders geschickt ist k).

Die

k) Ich beschrieb diese Maschine in der vorher angezeigten kleinen Abhandlung „Positiver Luftelektrophor, sammt der Anwendung desselben auf eine Elektrisirmaschine". Die Wirkungen dieser Maschine

Die Maschine ist ganz von Holz, und besteht aus folgenden Haupttheilen:

1. Aus einem Ankerrade R R (Fig. 3. I. Taf.) dessen Durchmesser 15 Zolle hält; die Achse ist in der Mitte C etwas dick, damit die Stralen C c, C c ꝛc. des Rades daran wohl fest sind.

2. Die Hacken, e, e ꝛc., welche am Ende der Stralen angemacht sind, halten nach der Breite fünf und einen Dreiviertelzoll.

3. Ueber die Hacken wird auf beiden Seiten ein dünnes Reiflein von Fichtenholz herumgemacht (Fig. 21. II. Taf.).

4.)

schine scheinen bezweifelt zu werden: dieß berechtigt mich zu erklären, daß ich die Versuche mit dieser Maschine jährlich vor sehr vielen Zuhörern mache, und daß es gerade diese Maschine ist, mittelst welcher ich in Gegenwart des Herzogs und der Herzoginn von Würtemberg, und Ihrer sachkündiger Begleiter wiederholtermalen die Wirkungen der Elektricität über Ihre Erwartung stark hervorgebracht habe.

4. Die Vertiefung der Ankerhacken e, e, x., beträgt einen Zoll.

5. Durch die Reise werden dünne seidene Schnüre gezogen, so daß das Rad ein Ansehen kriegt, wie Fig. 21. II. Taf. ausweiset.

6. Ueber dieses also zugerichtete Rad wird eine breite Binde, von dünnem Fichtenholze, ein sogenannter Schusterspan, hingeschoben, so daß es genau und fest anpasset: die Breite dieser Binde ist jener der Hacken gleich, nemlich 5 ¼ Zolle.

7. Das Queerholz f g (Fig. 21. II. Taf.), welches unter dem Rade durchgeht, und die beiden Säulen A, B. zusammenhält und befestigt, ist in der Mitte also eingerichtet, daß sich ein breites Holz a b durch Hilfe einer Schraube c befestigen läßt.

8. Dieses breite Holz a b ist von der Einrichtung, daß bei b eine Rahme eingesetzt, und abermal durch eine Schraube A befestiget werden kann.

9. An der Rahme ist ein Stück Katzenbelz, das so breit als die Holzbinde ist, ausgespannt und

und an seidenen Schnüren isolirt, so daß sie das Ansehen hat wie bei Figur 5. I. Taf.

10. Die ganze Maschiene stellet, wie es der Augenschein giebt, einen **Haspel** vor; ich bezeichne sie daher mit dem Namen „**Haspelmaschine**".

* Es bedarf wohl keiner besondern Anmerkung, daß die Grösse des Haspels und seiner Theile ganz willkührlich sei? — Natürlich, je größer das Rad und je breiter die hölzerne Binde gemacht wird, desto stärker müssen ihre Wirkungen sein.

§. 17.

Gebrauch der Haspelmaschine.

Man stellt den Haspel, der vor dem Gebrauche schon ein Paar Tage im warmen Zimmer gestanden, und wohl ausgetrocknet ist, also auf den Tisch, wie es Fig. 5. darstellt; man schraubt ihn auf den Tisch durch eine Stellschraube fest; setzt nahe bei der hölzernen Binde einen sogenannten **Zuleiter** *); verbindet diesen mit dem **Conductor** **), schliest hierauf mit der linken **Hand** in einen Handschuhe

aus

aus Katzenbelz; drückt dann die Haare des Katzenbalges an die Binde mäßig stark auf, und fängt mit der Rechten den Haspel zu drehen an.

Es erscheint nun die elektrische Materie in Strömen zwischen dem Zuleiter und der Binde, und die Elektricität stellet sich nach etlichen Umdrehungen am Leiter in sehr hohem Grade dar.

*) Ein **Zuleiter** ist ein Werkzeug, welches dient die elektrische Materie entweder aus dem Conductor in den electrischen Körper, oder aus diesem in den Conductor zu leiten (§. 16.). Ich ließ ihn also machen: mehrere metallene Spitzen werden auf einer Fläche, welche der Breite des Haspels gleich kommt, und seiner Krümmung anpaßt, eingesetzt, dieselben mit einem Messingblech umgeben, das mit den Spitzen gleich hoch ist, und die Absicht hat, daß sie das Aus- oder Einströmen der elektr. Materie hindert: diese Kapsel a b (Fig. 7.) wird an einer messingen Stange angemacht, welche ein paar Gewinde hat c und d, um der Kapsel eine beliebige Richtung geben, und sie dem elektr. Körper anbequemen zu können: das Stängchen ist bei d an einer messingen Haube festgemacht, und diese sitzt auf

auf einen 11 Zolle langen aus Glas gegossenen Untersatz f g isolirt.

**) Mein Conductor ist ein 4 Schuhe langer 6 Zolle dicker mit Silberpapier überzogener Holzcilinder, der an den Enden wohl abgerundet und in Mitte des Zimmers an starken seidenen Schnüren aufgehängt ist (Fig. 8.).

*) Die Elektricität, welche im Leiter wahrgenommen wird, ist negativ. Will man sie positiv haben, so wird statt der hölzernen Binde eine von wohl getrocknetem Katzenbelze auf das Rad gemacht, und mit Schnüren fest geknüpft: beim Gebrauche drückt man die bloße flache Hand gelinde an den Katzenbelz, und dreht alsdann den Haspel wie gewöhnlich.

**) Will man positive und negative Elektricität zugleich haben, so schraubt man die Rahme mit dem Katzenbalg so an, daß sich der Haspel schicklich an ihm reibet (Fig. 5.) Mit dem Katzenbalg setzt man einen Nebenleiter in Gemeinschaft: wird bei dieser Zurichtung das Rad gedrehet, so erscheint im Hauptleiter die negative, im Nebenleiter die positive Elektricität.

***)

*** Statt des Holzes und Katzenbalges können Binden von Pappendeckel, Seiden-Wolle- und Leinwandzeuge angemacht werden; — ja, man kann sich sogar einer metallenen Binde d. i. mit Stanniol überzogenen Pappes, bedienen; aber in diesem Falle muß die Binde so schmal sein, daß sie auf beiden Seiten von den Rändern absteht, und ganz isolirt auf den seidenen Schnüren aufliegt: auch das Reibzeug muß also isolirt sein, mithin die Rahme mit isolirtem Katzenbelze angebracht werden (Fig. 5.).

§. 18.

Versuche mit der Haspelmaschine.

Dreht man den Haspel mit der rechten Hand, während daß die Linke den Katzenbalg an die hölzerne Binde ausdrückt, etlichmale um; so

1. richtet sich eine auf dem Conductor angemachte Baumwollflocke, oder ein Faden, an dem ein kleines Korkkügelchen hängt *) in die Höhe, und stellt sich bald mehr, bald weniger hoch über den Leiter.

*)

*) So eine Baumwollflocke oder ein Faden dieser Art dient die Stärke der Elektricität zu messen, und kann deshalb als ein Elektrometer gelten. — Vom Quadrantenelektrometer des Henli mündlich. — Die bisher bekannt gewordene Elektricitäts-Stärkemesser haben noch immer ihre Unbequemlichkeiten. Ich ließ mir ein sehr wohlfeiles Quadrantenelektrometer (Fig. 15. Taf. I.) verfertigen: zum Zeiger wählte ich eine Schweinsborste mit einem Hollunderkügelchen; dadurch wurde es sehr empfindlich, steigt stufenweise ohne Sprung u. s. w.

2. Der Leiter zieht leichte Körperlein z. B. größere Baumwollkügelchen in großen Entfernungen an, und stößt sie wieder ab;

3. Auch verursacht der Leiter im Gesichte, das ihm nahe kommt, eine Empfindung, die man sonst hat, wenn man mit dem Gesichte gegen ein Spinnengewebe stößt.

4. Wird der Knöchel eines Fingers, oder ein metallener Knopf, (ein sogenannter Auslader) dem Leiter auf einen Zoll angenähert, so entstehen unzählig viele hellleuchtende stechende

de Funken unter einem Knall, der mit jenem einer Peitsche eine Aehnlichkeit hat.

5. Die Funken, mit einem erwärmten rectifizirten Weingeist aufgefangen entzünden diesen; — eben so entzündet auch eine Person den erwärmten Weingeist, wenn sie isolirt mit dem Leiter in Verbindung ist, und den Finger ausstreckt gegen den Weingeist, den eine andere Person, welche auf dem Boden steht, in einem metallenen Gefäßlein mit der Hand hält.

Die Weite, in welcher der Funken ausbricht, heißt die **Schlagweite**; ein Werkzeug diese Weite zu messen heißt **Funkenmesser, Spinthermometer** (Fig. 9.). Die **Geschwindigkeit** des Funkens ist so groß, daß sich seine Richtung nicht schätzen, und nicht erkennen läßt, aus welchem Körper er entspringt. Die stärksten Funken unter allen bekannten sind jene, welche die Maschine im teilerischen Musäum zu Harlem 1) giebt: sie sind zackigt, mit vielen kleinen Seitenästen versehen

n.

1) Beschreibung einer ungemein großen Elektrisirmaschine x. durch van Marum übers. Leipzig 1786.

u. s. w. ihre Länge ist vier und zwanzig Zolle, und ihre Dicke kömmt einer Federkiele gleich u. s. w.

§. 19.

Die grossen Wirkungen einer Elektrisirmaschine quillen aus dem Reibzeuge.

Versuche. 1. Wird das Reibzeug aus Katzenbalg angemacht, und mit diesem der Nebenleiter in Verbindung gesetzt, so wird nach einigen Umdrehungen des Haspels

der Hauptleiter negativ

der Nebenleiter positiv befunden.

2. Bringt man statt der hölzernen Binde einen Katzenbalg auf den Haspel, und macht mittels der Rahme (Fig. 5.) statt des Katzenbälgchens ein wohl anliegende isolirte Messigblatte in das Querholz a b: wird alsdann mit diesem metallenen Reibzeug der Nebenleiter in Verbindung, und die Maschine in Bewegung gebracht; so wird

der Hauptleiter **positiv**, und

der Nebenleiter **negativ** elektrisirt.

Fol-

Folgesätze.

I. Das Reibzeug erhält bei der Elektrisirmaschine allemal eine Elektricität, die jener des Hauptleiters entgegen gesezt ist. — Wird der Hauptleiter positiv elektrisch, so kommt dem Reibzeuge die negative Elektricität zu, und umgekehrt.

* Sieh die Aehnlichkeit mit den Gesetzen §. 15.

II. Wird demnach das Holz auf den Haspel gemacht, so giebt dieses gerieben dem Katzenbalge, dieser dem Nebenleiter die häufig erregte Elektricität; zieht sie aber wieder aus dem Zuführer ein, und entlädt dadurch den Leiter.

III. Wird aber auf den Haspel ein Katzenbalg gebracht, so zieht dieser die elektrische Materie in Menge aus dem Reibzeuge, und mittels dieses aus dem Nebenleiter.

* Zu starken Versuchen ist die hölzerne Binde schicklicher als der Katzenbalg: da zieht dann das geriebene Holz die elektrische Materie aus dem Leiter, giebt sie dem Katzenbalge,

dieser theilt sie der Hand, diese dem Leibe, dieser dem Fußboden rc. mit.

** Ist die Person, welche die Hand an die Maschine als Reibzeug lege, isolirt, so giebt diese Zeichen der Elektricität und Funken.

*** Die eben beschriebenen Versuche lassen sich natürlich mittels der Glasmaschinen auf gleiche Weise erhalten.

**** Von der Einrichtung vorzüglich wirksamer Elektrisirmaschinen, als von der Cilindermaschine des Nairne rc. von der Maschine mit Scheiben von Ramsden und Ingenhouß, und von der Riesenmaschine des Cuthberson u. a. — Ferner von Maschinen aus andern Materien, aus Brettern von Pr. Pickel in Wirzburg und von Lichtenberg, aus einer Scheibe von Gumilack von van Marum; aus mit Bernstein überzogenen Pappendeckel von Ingenhouß; aus schwarz glatten Wollenzeuge von Legat. Lichtenberg, aus einer Scheibe von Seiden von Selferheld u. a. m. — mündlich.

§. 20.

Versuche, über das Verhältniß der Anhäufung oder Erschöpfung eines Conductors.

1. Man hänge statt des Leiters eine gegossene bleierne Stange von einem Zolle im Durchmesser und einem Schuhe in der Länge an seidenen Schnüren auf, und bringe mit dieser eine Röhre, die der Länge und dem Durchmesser nach der Stange gleich und auf einem Gestelle isolirt ist in Verbindung: man drehe den Haspel eine Weile; sondere die hohle Röhre von der massiven Stange ab, und untersuche jeder ihre Elektricität: — die massive Stange und die hohle Röhre geben gleich große Funken.

2. Man nehme zwei hohle Cilinder von gleicher Oberfläche etwa aus Papp, mit Stanniol überzogen; und verfahre wie vorher: nach der Absonderung beider, giebt jeder gleich große Funken.

3. Man seze mit einem hohlen Cilinder einen andern in Verbindung, der eine noch so große Oberfläche hat; der Cilinder von grös-

serer

ferer Oberfläche giebt merklich größere Funken.

4. Endlich nehme man zwei Cilinder von großen und gleichen Oberflächen, einer aber sei länger als der andere: der längere giebt größere Funken als der kürzere von gleicher Oberfläche.

5. Die nemlichen Erscheinungen erfolgen, wenn statt der negativen Hasvelmaschine eine positive Glasmaschine zu den Versuchen gebraucht wird.

Folgesätze.

I. Die Erschöpfung oder Anhäufung der elektrischen Materie in einem leitenden Körper steht keineswegs mit der Masse im Verhältnisse (1. 5.) und deshalb durchdringt die elektrische Materie das Innere der Metalle vermuth ich nicht? —

II. In Leitern von gleicher und ähnlicher Oberfläche wird die elektrische Materie gleich ausgeladen oder gleich entladen (1. 5.).

III. Sind die Oberflächen gleich, aber unähnlich; so wird der längere Leiter mehr elektrisirt oder deelektrisirt als der kürzere (4. 5.).

IV. Folglich ist in Leitern von ungleicher und unähnlicher Oberfläche die Anladung oder Entladung im zusammengesetzten Verhältnisse der Größe der Oberfläche, und der Ausdehnung in die Länge.

§. 21.

Versuche, mit metallenen Knöpfen und Spitzen.

1. Nähert man einem negativen oder positiven Leiter auf eine gewisse Entfernung einen metallenen Knopf; so entsteht zwischen dem Leiter und dem Knopfe ein krachender Funken.

2. Nähert man dem Leiter eine Spitze, so erscheint daran schon in großer Entfernung unter einem Sausen eine Art von Stern oder ein Lichtbüschelchen.

3. Werden die Versuche im luftleeren Raume angestellt, so erscheint auch an einem an-

angenäherten Knopfe kein Funken, sondern — es erfolgt ein langstraliges stilles Ausströmen.

§. 22.

Weitere Erscheinungen bei Knöpfen und Spitzen, und Ursache derselben.

a. Die Luft ist ein Nichtleiter, und widersteht dem Austreten der elektrischen Materie aus den Körpern: dieser Widerstand muß um so grösser sein,

je grösser die Oberfläche der Luft ist, die die elektrische Materie zu durchdringen strebt;

je dichter diese Luft,

und je dicker ihre Schichte ist, durch die sich die elektrische Materie mit Gewalt einen Weg bahnen soll.

b. Wird demnach dem Leiter ein metallener Knopf entgegen gehalten, so liegt zwischen dem Knopf und dem Leiter eine nach dem Verhältniß

der Knopfgrösse,

und des gegenseitigen Abstandes,

wi-

widerstehende Luft: je grösser also der Knopf, und je dicker die Luftschichte (je länger der Weg, je grösser der Abstand); desto mühesamer erfolgt der Ausbruch des Funkens. — Woraus dann auch erhellet, daß der Uebergang der elektrischen Materie aus einer Fläche in eine andere Fläche am schwersten sei ꝛc.

c. Wird aber dem Leiter eine Spitze entgegen gehalten, so ist diese als ein Körper zu betrachten, der so zu sagen keine Oberfläche hat, und mithin findet in diesem Falle die elektrische Materie beinahe keinen, oder doch nur einen sehr geringen Widerstand in der Luft; sie ergießt sich daher leicht aus dem Leiter in eine Spitze, oder aus dieser in den Leiter auch schon in grossen Abständen.

d. Da bei jedem Uebergange von einem Körper in einen andern die elektrische Materie den Widerstand der Luft zu überwinden hat, so ist leicht zu erachten, daß sich die elektrische Materie sammeln und verdichten müße, um die widerstehende Luftschichte durchzuarbeiten; aber eben verdichtet kann sie wirksam werden auf das Aug, und in Lichtgestalt erscheinen — lebhafter im Funken als im Conusstral, weil

sich

sich in diesem die elektrische Materie nie so stark concentrirt, als wie in jenem.

e. Und weil von der elektrischen Materie, wenn sie von einem Körper in den andern übergeht, eine gewisse, bald kleinere bald größere Luftschichte getheilt oder durchbrochen werden muß, ergiebt sich das Sausen bei den Spitzen, und das Krachen der Funken.

f. Während daß mehrere Funken nacheinander ausgelockt werden, oder daß die elektrische Materie länger durch die Spitzen ein- oder ausströmet, wird ein Phosphorähnlicher Geruch wahrgenommen: die elektrischen Theile dringen, sobald sie stark angehäuft werden, entweders vom Leiter in die Nase, oder sie kommen, wenn ein Körper negativ elektrisirt ist, aus dieser gegen den Leiter hervor: in beiden Fällen muß der nemliche Reiz in den Geruchsnerven geschehen, mithin der nemliche Geruch empfunden werden.

g. Läßt man einen Funken auf die Zunge wirken, so schmeckt dieser säuerlich; es mag der Leiter positiv oder negativ seyn: im ersten Falle fährt die elektrische Materie concentrirt in die Zunge; im zweiten stürzt sie aus dieser

heraus;

heraus; allemal müßen also die Geschmacksnerven auf die nemliche Weise erschüttert — eben derselbe Geschmack erregt werden.

h. Bei der Annäherung des Gesichtes zu einem positiv oder negativ elektrisirten Leiter, erfährt man im Gesichte eine Fühlung, die jener gleich kommt, welche man hat, wenn man mit dem Gesichte in ein Spinnengewebe hineinfährt. In der positiven Wirkungssphäre werden die elektrischen Theile von der Oberfläche der Haut zurückgetrieben, und ergießen sich durch die Härchen und Erhöhungen der Haut in das Gesicht; im negativen Wirkungskreise treten die elektrischen Theile aus dem Gesichte auf die Haut hervor z. — es muß also in beiden Fällen das nemliche sanfte Gefühl wahrgenommen werden.

§. 23.

Weitere Erscheinungen bei metallenen Knöpfen und Spitzen, und Erklärungen.

1. Die Länge, die Gestalt und die Farbe der Funken ist unter verschiedenen Umständen verschieden.

a. Die

a. Die Funkenlänge steht überhaupt mit der Größe und Länge des Leiters im Verhältnisse (§. 20.);

b. Die längern Funken folgen erst nachdem zuvor kürzere hervorgelockt, und durch diese die Luft modifizirt und zum Ausbruche der größern disponirt worden.

c. Die kürzern Funken sind geradlinigt; ihre Mitte scheint etwas dünner — denn beym Aus- und Eingange findet die elektrische Materie immer den größten Widerstand; daher hier die größte Kräftenvereinigung, Concentrirung der elektrischen Materie.

d. Die Riesenfunken der Maschine im Teylerischen Musäum haben nebst ihrer Zizackgestalt noch viele Seitenäste. Der Grund liegt vermuthlich in der Atmosphäre, die wegen Ungleichartigkeit ihrer Theile der elektrischen Materie, bald größern bald kleinern Widerstand thun, und mithin entweder den ganzen Strom, oder einen Theil desselben von seiner Richtung abbringen.

e. Die Farbe des elektrischen Funkens ändert sich mit seiner Größe; ist er dünn, so hat er eine purpurrothe Farbe; ist er dicker, so sieht er bläulich; ist er sehr concentrirt, so erscheint er weiß und helle, wie das Sonnenlicht. Geht der Funken über ein Stück Silberpapier, so erhält er eine grüne Farbe — Nemlich das Licht wird nach Verschiedenheit der Umstände verschieden modifizirt.

2. Wenn eine Spitze auf dem positiven oder negativen Conductor angemacht, und ihr in einer gehörigen Entfernung die flache Hand entgegen gehalten wird; so fühlet man einen **kühlen Wind** . . . . Wird auf diese Spitze ein Kreuz von dünnem etwa zwei Zolle langem Messingdrate so aufgelegt, daß die Dräte nach Einer Richtung eingebogen und wohl zugespitzt sind, das ganze Kreuz aber horizontal steht, und sehr beweglich ist; so drehet sich dieses Kreuz im Kreise schnell um, nach einer den Spitzen entgegengesetzten Seite, und bildet im Dunkel einen **leuchtenden Kreis**, sobald der Conductor elektrisirt wird; das Umdrehen derlei Kreuze geschieht so schnell, und mit so einer Stärke, daß ein Maschinchen auf einem Drat fort und bergan getrieben wird (Fig. 20. Taf. II.) — und eine Wage, an derer äußersten Enden ihrer Aerme, Kreuze von dünnem Drate angemacht

macht sind Fig. 11. dreht sich um ihre Achse, während daß die Kreuze wie Häspelchen umlaufen: — dieses Maschinchen verbreitet den Phosphorgeruch der elektrischen Materie außerordentlich. — Erklär. Nemlich die elektrische Materie geht entweder aus der Spitze in die Hand, oder aus dieser in die Spitze; je nachdem der Leiter positiv oder negativ elektrisch ist. In beiden Fällen wirkt die elektrische Materie auf die nemliche Weise in die Haut: es muß also das nemliche Gefühl entstehen. — Woher aber der kühle Wind? — Vermuthlich rührt das dem kühlen Winde ähnliche Gefühl von der Ausdünstung her, die in diesem Theile der Hand durch die elektrische Materie verursachet wird: wenigstens meine ich, das Gefühl des Windes sei stärker, wenn die Hand schwitzt rc. — Fährt die elektrische Materie aus den Spitzen eines vorher beschriebenen Kreuzes, so prellt diese an die Luft, als einen der elektrischen Materie widerstehenden Körper an, und treibt die leicht beweglichen Dräte — das Kreuz, zurück; und weil das Ausströmen fortdauert, stäts zurück und so im Kreise. — Fährt die elektrische Materie, in Falle des negativen Zustandes, in die Spitzen des Kreuzes hinein aus der Luft, so kann dieß

ohne

ohne Stoß auf die Spitzen nicht geschehen; da erfolgt denn abermal das Umdrehen des leicht beweglichen Kreuzes. — Der leuchtende Kreis wird von der stets aus- oder einströmenden elektrischen Materie der im Kreise bewegten Spitzen gebildet. — Aehnliche Erklärung hat die Bewegung des Werkzeuges, dessen ich mich bediene, um den Geruch der elektrischen Materie recht im hohen Grade fühlbar zu machen. (Fig. 11.)

* Es lassen sich aus diesem und dem vorhergehenden §. noch mancher Erscheinungen Gründe angeben: ich füge blos noch einige Phänomene bei, die sich aus dem bishergesagten erklären lassen.

§. 24.

Man erklärt sich

aus den vorhergehenden Beobachtungen unschwer:

1. Warum ein größerer Knopf z. B. von 12 Linien im Durschnitte näher an den Leiter muß angenähert werden als ein kleinerer z. B. von 6 Linien im Durchmesser u. s. w. um bei gleichem Elektricitätsgrade einen Funken auszuziehen.

2. Wa-

2. Warum die Spitzen in sehr grossen Abständen ihre Wirkung thun.

3. Warum an allen Ringen einer Kette ein Funken entsteht, wenn die elektrische Materie durchgeht.

4. Warum aus unterbrochenen Leitungen, wenn sie geschickt behandelt werden *), funkelnde Buchstaben, leuchtende Wörter, schlängelnde Blitze (an der sogenannten Blitzscheibe) u. d. gl. vorgestellt werden können.

*) Eine Anweisung zu spielenden Versuchen dieser Art findet man gesammelt in den "elektrischen Spielwerken" von Seiferheld. I. II. III. Heft. — Sie wird auch in den Vorlesungen praktisch gegeben, und durch Experimente erläutert.

5. Warum man den Zuleiter an jenem Theile, der an die hölzerne Winde (Fig. 6. I. Taf.) oder an die Glaskugel (Fig. 10. Taf. I.) hinangerückt wird, mit Spitzen versieht.

6. Warum man den Conductor (Fig. 8. I. Taf.) an allen Orten zurundet.

7. Warum platte Flächen sich einander die Elektricität ungerne mittheilen.

8. Warum die Spitzen, die man auf den Conductor setzet, eine starke Anladung oder Ausladung hindern.

9. Warum der Staub, welcher aus eckigten, spitzigen Körperlein besteht, und auf dem elektrischen Geräthe liegt, den elektrischen Versuchen Hinderniß legen.

10. Warum eine Baumwollflocke, die von dem Conductor herabhängt, von einer angenäherten Spitze fliehen, von einem Knopfe aber angezogen werde.

* Weil diese letzte Erscheinung manchen Unkundigen auffallend ist, und selbst die Gelehrten nicht allemal richtige Erklärung geben; so führe ich den Versuch und die Erklärung des Erfolges noch ausführlich an. Man nimmt zwei bis drei Flocken Baumwolle; befestigt eine davon an den Conductor mit wenig Wachs, die zweite an die erste, und die dritte an die zweite, durch blosses Andrücken; und dreht dann die Maschine: alsobald breiten die baumwollenen Flocken ihre Fäden aus, und verlängern sich gegen den Tisch oder andere nahe Körper. Man halte nun eine scharfe Spitze gegen die unterste, so wird diese aufwärts gegen die zweite, diese gegen die dritte,

und alle zusammen gegen den Conductor zusammenschrumpfen, und in diesem Zustande so lange bleiben, als die Spitze darunter gehalten wird: im Augenblicke, wo man die Spitze mit einem Knopfe verwechselt, fährt die Baumwolle gegen diesen und dehnt sich gegen ihn aus. — — Nemlich die Nadelspitze giebt ihre Elektricität schon in grosser Ferne der untersten Baumwolle, diese bemühet sich dieselbe der zweiten mitzutheilen, und weil die Baumwolle ein schlechter Leiter ist, bewegt sie sich samt ihrer elektrischen Materie gegen die zweite: diese aus dem nemlichen Grunde gegen die dritte, und diese gegen den Leiter. — So lange die Spitze gegen der Wolle zugekehrt ist, strömt die elektrische Materie aus ihr, und macht aus angegebenem Grunde, daß sie dem Conductor anhängt; wird eine Kugel angenähert, so wirken die mehr gesättigten Theile der Kugel mächtig auf die Wolle, und ziehen sie an: da aber nie eine elektrische Materie) von dem kugelförmigen Körper überströmt, so ist kein Grund des Abfliegens; sondern der Grund des Hinstrebens gegen den Leiter bleibt.

---

§. 25.

§. 25.

Von den Kräften, welche die elektrischen Materietheilchen aufeinander haben.

Versuche. Man mache auf einer Scheibe aus Pappendeckel, die mit Silberpapier überzogen ist, aussenzu gegen den Rand eine Siegellackstange fest: an dem entgegengesetzten Ende befestige man mit Wachs einen etwas dicken Drat, der einen Schuhe lang, oben ein wenig eingebogen, und mit einem paar leinenen Fäden versehen ist.

Man streiche mit der Hand einen isolirten Katzenpelz.

Nun bringe man die mit Metallpapier überzogene Scheibe über die positiv elektrische Fläche so; daß sie ein paar Zolle noch von dieser absteht: alsobald äußern sich an den angeknüpften Fäden Zeichen der Elektricität.

Wird die Scheibe wieder weggenommen; so nimmt man weder an den Fäden, noch an der Scheibe Zeichen der Elektricität wahr.

Bringt man izt die Scheibe abermal über den Balg wie vorher, und untersucht die Elektricität der Fäden; so findet man sie positiv.

I. Die Theile der elektrischen Materie, welche in einem Körper thätig ist, wirken auf andere in die Ferne; setzen sie auch in Thätigkeit, und machen sie fliehen — das heißt: **die elektrischen Theile stossen einander.**

* Die Realität der Stoßkraft der elektrischen Theile untereinander; was auch einige Naturforscher dagegen einwenden, wird in der Folge durch sehr viele ähnliche Versuche dargethan. — Sie wird auch dadurch scheinbar, daß ein leuchtender Lichtbüschel, der sich an der Spitze eines positiven Conductors zeiget, durch die Wirkung einer geriebenen Glasröhre, von seiner vertikalen Richtung abgelenkt — **abgestossen** wird u. s. w.

§. 26.

Von den elektrischen Wirkungssphären, und der Elektrisirung der Körper in denselben.

Den Raum, durch den sich die Wirkung der Elektricität erstreckt, heißen wir den elektrischen Wirkungskreis. Nach dem Grade der Anhäufung oder Erschöpfung der elektrischen Materie, die allzeit auf merkliche Abstände ihre Wirkung ausdehnt, muß natürlich der Wirkungskreis bald größer bald kleiner sein.

Daß die Nichtleiter durch Reiben, und die Leiter durch Mittheilung sehr gerne elektrisch werden, war längst bekannt; aber daß die blossen Wirkungskreise der elektrisirten Massen das Vermögen haben, Körper aller Art ohne alle Mittheilung zu elektrisiren: dieß ist eine der neuern und wichtigsten Entdeckungen.

Versuche. I. Man isolire eine Metallstange von zwei Schuhe Länge, hänge über beide Enden leinene Fäden mit Korkkügelchen, und bringe eine geriebene Siegellackstange gegen das andere Ende bis auf drei Zolle weit. — Erfolg.

Erfolg. 1. Die Korkkügelchen gehen sehr weit auseinander, und 2. untersucht geben jene des entfernten Endes, Zeichen der negativen, jene des nächsten Endes, Zeichen der positiven Elektricität. 3. Bei Annäherung einer Glasröhre erfolgt die nemliche Erscheinung; aber die Fäden sind in verkehrter Ordnung elektrisch; die nächsten an der Glasröhre negativ, die entferntesten von ihr positiv.

II. Hängt man auf gleiche Weise an einer Stange aus Glas die Fäden auf, und wiederholt die oben beschriebenen Versuche; so sind die Erfolge die nemlichen: 1. Die Fäden, welche zunächst an der angenäherten elektrisirten Glasröhre hängen, sind negativ, jene aber, die am andern Ende hangen, positiv. 2. Wird aber eine Siegellackstange angenähert, so findet man die nächsten Fäden positiv, und die entferntesten negativ.

Folgesatz.

Körper werden an jenen Theilen, welche in die Wirkungssphäre eines positiv elektrisirten Körpers eintreten negativ, und welche in die Wirkungssphäre

eines

eines negativ elektrisirten Körpers eintreten, positiv elektrisch — oder: Jeder elektrisirte Körper sucht in demjenigen, welcher in seinen Wirkungskreis versenkt wird, eine der seinigen entgegengesetzte Elektricität zu erwecken.

* Daß diese Erscheinungen eigentlich von den Wirkungskreisen verursacht werden, ist daraus klar, daß nach Entfernung der elektrisirten Körper die Fäden allemal zusammenfallen: von einer mitgetheilten Elektricität sind sie auch um deßwillen nicht abzuleiten, weil die + E nicht die — E mittheilen kann.

** Dieses Gesetz wird durch unzählige Experimente bestätiget. Ich führe hier nur Eines an. Wird ein etwa vier Zolle langer Pfeil aus Holz oder Metall, der nach Art einer Magnetnadel im Gleichgewichte und auf einer Spitze beweglich ist, über ein Stativlein aus Holz auf einen geriebenen Harzkuchen gesetzt (Fig. 34.); so neigt sich alsogleich die Spitze des Pfeils a gegen die elektrisirte Harzfläche. Werden die Enden dieses Pfeils a und b mittels eines elektrischen Korkes untersucht, so findet man die Spitze a, welche dem Harze zunächst ist positiv,

tiv, und das andere Ende b negativ elektrisch. — Ein Finger der Spitze a angenähert treibt diese von sich, weil der Finger in die negative Wirkungssphäre versenkt mit der Spitze a einerlei positive Elektricität erhält; im Gegentheile zieht der Finger den andern Theil des Pfeils b an, weil die Zustände der Elektricität zwischen beiden verschieden sind. — — Die Erfolge sind die nemlichen, die Pfeile mögen lang oder kurz, das Stativlein nieder oder hoch sein u. s. w.

§. 27.

Versuche über die Aenderung, welche Nichtleiter in den Wirkungskreisen elektrischer Körper leiden.

I. Wird ein massiver, etwa fünf Schuhe langer und einen halben Zoll starker Glascilinder, an den man mehrere Paare Fäden mit kleinen Korken gleich weit von einander anmacht, an seidenen Schnüren aufgehängt, und eine geriebene Glasröhre einem Ende desselben angenähert; so werden die Korkkügelchen elektrisch, aber sehr verschieden elektrisch befunden. — Die nächsten an der angenäherten Glasröhre

sind

sind allemal **negativ**; die **entferntsten positiv**; nach den negativen Korkkügelchen, die unmittelbar in der positiven Wirkungssphäre der angenäherten Glasröhre hangen, folgen gemeiniglich **positive**, nach diesen wieder **negative** u. s. w.

II. Stellt man 1. gläserne Röhrlein A, B, C, D (Fig. 16. Taf. II.), welche auf Stativen horizontal isolirt sind, in Berührung, und wird eine geriebene Glasröhre über A gehalten, so gehen die Korkkügelchen auseinander. — Man rücke nun 2. während daß die Glasröhre noch über A gehalten wird, B und D von A und C; so findet man A negativ, B positiv, C negativ und D positiv elektrisch m).

Folgesätze.

I. **Im nemlichen Nichtleiter können verschiedene Theile einen verschiedenen Zustand** der Elektricität annehmen (I. 1.).

II. Wird die elektrische Materie in einem Theile der nichtleitenden Körper **plötzlich** angege-

m) Adams rc. Versuch über die Elektricität rc. Leipzig 1785. — Socin's Anfangsgründe der Elektricität rc. Hanau 1777.

gehäuft; so erfolgt in dem angrenzenden Theile eine Erschöpfung derselben; oder wird die elektrische Materie in einem Theile plötzlich erschöpft, so wird sie in dem angrenzenden Theile angehäuft (I. 1. II. 1. 2.). — Nemlich wegen der gehinderten Verbreitung der elektr. Materie in den Nichtleitern (§. 5.) müssen bei ihrem Eintritte in eine elektrische Wirkungssphäre **abwechselnde** Stellen, Zonen von + E und — E entstehen, deren immer eine durch den Wirkungskreis der andern verursacht wird.

Diese Erscheinungen von abwechselnden Zonen zeigen sich auch an Glasflächen, die man über einen geriebenen Harzkuchen legt, und in der Mitte berührt: um diesen Berührungspunkt her, der positiv elektrisch ist, findet sich allemal eine negative Sphäre u. s. w. (weiter unten hievon.)

§. 28.

§. 28.

Von einem mikroskopischen Probirinstrument, dessen Wirkungen in den Wirkungskreisen der Elektricität gegründet sind.

Probirinstrument heißen wir ein Werkzeug, welches dient die entgegengesetzten Elektricitäten + und — E anzuzeigen (§. 13. II. Folges.); jenes, dessen wir im angeführten §. 13. erwähnet, giebt nur die höhern Grade der Elektricitäten an. Es ist von nicht geringer Wichtigkeit ein solches Instrument zu haben, daß die im kleinsten Grade vorhandenen + E und — E angiebt: und so ein Instrument beschreibe ich hier, und nenne es **mikroskopisches Probirinstrument.**

Man steckt durch einen Stöpsel, der genau durch ein Cilindergläschen A (Fig. 35. Taf. II.) passet, einen Drat, der unten bei a etwas breit geklopft und oben bei b zugespitzt ist: bei a kleistert man mit Speichel zwei, etwa einen Zoll lange und drei Linien breite Streifen von Blattgolde parallel nebeneinander an: alsdenn steckt man den Stoppel in den Hals des

Ci=

Cilindergläsleins A, und da ist man denn mit einem **mikroskopischen Probirinstrument** versehen.

* Künstlicher und vollkommener werden wir dieß Instrument weiter unten vorstellen.

§. 29.

Versuche mit dem mikroskopischen Probirinstrumente.

1. Man elektrisirt den Drat b a mit äusserst schwacher **positiver** Elektricität: alsobald fahren die Goldblättchen auseinander.

2. Man nähere itzt eine geriebene **Glasröhre** der Spitze b, etwa auf einen halben Schuhe: — die Goldblättchen, welche von einander abstehen, gehen noch **mehr auseinander.**

3. Nun bringe man statt der Glasröhre eine geriebene **Siegellakstange** in die Nähe eines halben Schuhes: — die Goldblättchen fallen zusammen — und gehen **wieder auseinander**, sobald die Siegellackstange entfernt worden.

* Wird

* Wird die Siegellackstange näher an die Spitze gebracht, doch ohne sie zu berühren, so treten die Blättchen wieder auseinander.

4. Elektrisirt man den Drat b a sehr schwach negativ; so fahren die Blättchen wie bei der positiven Elektrisirung (1.) auseinander;

5. Nähert man eine geriebene Siegellackstange der Spitze b etwa auf einen halben Schuhe; so gehen die Goldblättchen noch mehr auseinander.

6. Nun bringe man statt der Siegellackstange eine Glasröhre in die Nähe von b; so fallen die Goldblättchen zusammen; — und gehen wieder auseinander sobald die Glasröhre entfernt wird.

* Wird die geriebene Glasröhre mehr gegen b angenähert, doch ohne b zu berühren, so gehen die Blättchen aufs neue auseinander.

I. Die elektrisirten Goldblättchen gehen in gleichnamigen elektrischen Wirkungssphären auseinander, in ungleichnamigen fallen sie zusammen — wenn der Körper an dem die Goldblättchen angemacht sind,

nicht

nicht zu tief in die Wirkungssphäre versenkt wird:

II. Es dient also dieses Werkzeug als ein **Probirinstrument** in Fällen, wo die mitgetheilte Elektricität an dem gebräuchlichen Korke unmerkbar wäre; und der Ausdruck „**mikroskopisches Probirinstrument**“ ist reel.

Erklärung.

Tritt der Theil b des **positiv** elektrischen Drates in die Wirkungssphäre der Glasröhre, so häuft sich die elektrische Materie des Drates b a gegen a an, und treibt die Goldblättchen noch weiter auseinander (§. 26.). Kommt der Theil b in die **negative** Wirkungssphäre der Siegellackstange, so bewegt sich die elektr. Materie des Drates gegen b; da gelangen dann die Goldblättchen zum natürlichen Zustande, gehen folglich zusammen. Erfolgt eine grosse Annäherung der Siegellackstange, so wird die elektr. Materie des Drates im höhern Maaße gegen b getrieben (§. 26.): da entsteht dann in den Goldblättchen ein negativer Zustand, und die Blättchen gehen wieder auseinander (4.); — — Die Erklärung läßt nun leicht

wenn

wenn der Drat **negativ** elektrisirt angenommen wird.

§. 30.

Die Wirkungssphären elektrisirter Körper sind keine elektrische Dunstkreise.

Aus allen Erfahrungen, die wir bisher von der Elektricität angeführt haben, läßt sich

nicht sicher,

und zuverläßig

schliessen, daß die elektrische Materie aus den elektrisirten Körpern heraustrete, sich um die Oberfläche desselben herum anhäufe, und also einen **elektrischen Dunstkreis**, eine **Atmosphäre** bilde; — denn alle elektrische Erscheinungen lassen sich vollkommen zureichend ohne solchen elektrischen Dunstkreis erklären (§. 22. 2c.). Nebenbei ist die **Luft** ein sehr guter **Nichtleiter**; wie sollte die elektrische Materie aus der Oberfläche des elektrisirten Körpers herauskommen, und in die angrenzende Luft hineindringen? — Die Luft wird die elektrische Materie wohl auch nicht von der

Etel-

Stelle treiben, und um sich her ein Vacuum erzeugen? — Und wie läßt sich wohl das beständige Hinüberströmen der elektrischen Materie aus einer Glaskugel in einen Zuleiter begreifen, wenn sich dieselbe an ihm in einem so gewaltsamen Zustande befindet, daß es nicht selten Schuheweit auf die Oberfläche des Leiters hervorschnellt? — Zudem sind ja alle harzartige Körper **negativ** elektrisch; wie läßt sich denn bei diesen eine eigentliche Atmosphäre, ein elektrischer Dunstkreis gedenken? u. s. w.

Es ist daher so lange darauf zu bestehen, daß **die elektrischen Körper keinen eigentlichen Dunstkreis um sich her bilden**, so lange nicht das Gegentheil durch **unbezweifelte Erfahrungen** dargethan wird.

§. 31.

Vermuthungen, über die Ursachen der Erscheinungen in den elektrischen Wirkungssphären.

1. **Warum wird der in eine negative Wirkungssphäre eingetretene Körpertheil positiv elektrisch** (§. 23.)? — Die elektri-

trische Materie wirkt nach den Gesetzen der chemischen Verwandtschaft, (§. 8. *) und strebt nach jenen Theilen, welche an elektrischer Materie erschöpft sind, mit einer Stärke, die dem Unterschiede der natürlichen respectiven Sättigung gleich kommt (§. 8. ***). Tritt nun ein Körper mit einem Theile in die Wirkungssphäre des negativen Harzes ein; so bewegt sich die elektrische Materie gegen den minder gesättigten Körper, und häuft sich auf diese Weise in dem Theil, der in die negative Wirkungssphäre eingesenkt ist, an.

2. **Warum wird ein Körper an jenen Theilen, womit er in eine positive Wirkungssphäre eintritt, negativ?** — In einem positiv elektrischen Körper ist die elektrische Materie angehäuft, mithin wirken aus ihm mehrere elektrische Theile, als ihnen aus dem, der seine natürliche Sättigung hat, entgegen wirken; und da die Wirkung elektrischer Theile unter einander stossend ist (§. 25.) und in die Ferne geht; so müssen die angefüllten elektrischen Theile, jene des angenäherten Körpertheils zurücktreiben, mithin den Theil von ihm, der in die positive Wirkungssphäre eingetreten ist, **deelektrisiren**, **negativ** machen.

3. **Warum entstehen in nichtleitenden Körpern mehrere Zonen von entgegengesetzter Elektricität?** — Weil die Vertheilung der elektrischen Materie durch die Nichtleiter schwer läßt; so treiben die elektrischen Theile, die in einer Stelle angehäuft sind, diese angrenzenden von sich, und deelektrisiren diese Stelle: die vertriebenen kommen indeß in eine Zone vom natürlichen Zustande, diese muß also in den positiven übergehen u. s. w.

4. **Warum geht die elektrische Materie, die sich gegen den negativ gemachten Körper anhäuft, nicht ganz über?** — Weil bei **gewöhnlichen Versuchen** der Uebergang der elektrischen Materie von einer Fläche in die andere höchst schwer läßt §. 22. und weil auch die immer dazwischen liegende Luft der elektrischen Materie Hinderniß legt.

§. 32.

Aenderung, welche die Luft in der Wirkungssphäre eines elektrisirten Körpers leidet.

1. Die **Nichtleiter** leiden eine solche Aenderung, wenn sie in die elektrischen Wirkungssphä-

sphären versenkt werden, daß die Theile, welche zunächst am positiven Körper liegen, negativ elektrisch werden, und daß auf eine negative Stelle, eine positive, auf diese wieder eine negative folget u. s. w. (§. 27.). Mithin wird wohl die angrenzende Luft, welche ein nichtleitender Körper ist, von dieser Aenderung nicht frei sein? —

2. Die Luft, welche zunächst an einem negativ elektrisirten Körper liegt, muß positiv; jene, welche den positiv elektrischen Körper umgiebt, negativ werden — auf eine Weite, welche der **Größe des Wirkungskreises** gleich kommt.

3. **Die Ungleichheit respectiver Sättigung** in der angrenzenden Luft und im elektrisirten Körper muß in der ersten, nächsten Luftschichte die größte sein: es muß also in dieser die größte Anhäufung oder die größte Erschöpfung statt haben. Die elektrische Kraft nimmt ab, wie das Quadrat der elektrischen Entfernung wächst (§. 4.); mithin muß auch die Anladung oder Entladung in diesem Verhältnisse abnehmen — ja, endlich gar unmerklich sein.

 4. An

4. An die Luftzone, welche zunächst an dem elektrischen Körper liegt, und eine dem elektrischen Körper entgegengesetzte Elektricität erhält, grenzt abermal Luft an: es muß also aus vorher angegebenem Grunde auch diese bis auf eine gewisse Grenze eine der ersten Luftzone **entgegengesetzte Elektricität** annehmen u. s. w.

5. Daß also allgemein über einen elektrisirten Körper, und um ihn herum, **mehrere Luftzonen sich befinden, deren jede der andern entgegengesetzt elektrisch wird.** —

Ich finde darinn den Grund jener Erscheinung:

„die elektrische Materie häuft sich im Verhältnisse der Oberflächen an — durchdringt das Innere der Metalle nicht" (§. 20. I.)

Die Luft ist nemlich um den **positiv** elektrischen Körper her **negativ** (§. 30.): die angehäufte elektrische Materie strebt nach dem negativen Luftraum, bewegt sich daher gegen die Oberfläche, und häuft sich darauf an. — Auch erkläre ich daraus.

§. 33.

§. 33.

Die Elektrischen Pausen.

H. **Joh. Friedr. Groß**, Prof. in Stuttgardt n) nennt folgende Erscheinung die **elektrischen Pausen**: in einer gewissen Entfernung hören die Funken zwischen einem Leiter und dem angenäherten Funkenzieher auf; in einer grössern Entfernung kommen sie wieder; in einer noch grössern verschwinden sie abermal, in einer abermal grössern werden sie von neuem sichtbar u. s. w. — Nemlich um den positiven Leiter A (Fig. 8. 9.) befindet sich eine negativ elektrisirte Luft; der **Auslocker** a, der darein gesenkt wird, erhält auch die negative Elektricität: in diesem Falle muß sich also wegen der grossen Ungleichheit der respectiven Sättigung die elektrische Materie aus dem Leiter in grosser Menge losreissen, und einen Funken gestalten: die Luftzone b, welche an a grenzet, ist positiv elektrisch, mithin auch der Auslocker, wenn er darein geschoben wird: es wird also wegen geringem Unterschiede der respectiven Sättigung kein Funken ausbrechen. Die Luftzone c, welche

n) Elektr. Pausen :c. Leipzig 1776.

che an b grenzet, wird negativ, und folglich auch der darein gesenkte Auslader; da entsteht dann wieder ein Funken u. s. w.

§. 34.

Weitere Phänomene, die in den elektrischen Wirkungskreisen ihren Grund haben.

1. Entlädt man den Conductor einer Glasmaschine, und entfernt hernach den Zuleiter vom Glase, so giebt der Leiter aufs neu ein Zeichen der Elektricität und zwar — der **negativen**. — Wird auf die nemliche Weise der Versuch bei der Haspelmaschine gemacht, so giebt der Leiter Zeichen der **positiven** Elektricität. — Nemlich der Theil des leitenden Körpers, welcher in die positive Wirkungssphäre eintritt, wird **negativ** elektrisch, weil die angehäuften elektrischen Theile in die Ferne auf die minder thätigen des Leiters wirken, und dieselben zurücktreiben (§. 25.), daß also der in dem Wirkungskreise befindliche Theil entladen, **negativ** wird. — Kommt demnach dieser Theil eines isolirten Leiters nach seiner Berührung aus der Wirkungssphäre, so theilet sich die elektrische

Ma=

Materie, welche sich in ihm nach der Berührung im natürlichen Zustande befindet, den ausgeleerten Theilen mit: woraus dann natürlich der negative Zustand des ganzen Leiters erfolget. Befindet sich aber der Zuleiter in der negativen Wirkungssphäre, so bewegt sich die elektrische Materie gegen den negativen Körper hinzu, und läßt die übrigen Theile des mit dem Zuleiter verbundenen Conductors minder gesättigt. Wird hierauf durch Berührung der natürliche Zustand des Leiters hergestellt, während daß die nemlichen Theile noch in der Wirkungssphäre des negativen Körpers sind, so bleiben in ihnen die elektrischen Theile auch nach der Berührung angehäuft: und da sie sich im Augenblicke bei ihrem Heraustreten, nach dem Gesetze der respectiven Sättigung unter die übrigen Theile des Conductors ausbreiten, so muß dieser nach seiner Entfernung von der Maschine positiv elektrisch sein.

2. Daraus erklärt man sich ferner, warum die Anhäufung der elektrischen Materie in einem Conductor durch die Glasmaschine, und die Entladung desselben durch die Haspelmaschine im hohen Grade geschehen könne: kein Körper ist von Natur aus saturirt mit elektrischer

scher Materie (§. 8.) ꝛc. überdieß ist der Theil, der nahe am Glase steht, von seiner Elektricität beraubt: die angehäufte elektrische Materie wird deßhalb in Strömen hinüberfließen. —

3. Auch der Aufschluß über das **Entstehen der Wirkungssphären** ist daraus eine ungezwungene Folge. — Man reibe eine Fläche von Harz, das in eine metallene Schüssel gegossen ist, mit Katzenpelze. Wird bei dieser Reibung die Elektricität in dem Harze früher oder stärker rege, als in dem Balge, so wirken sie auf die elektrischen Theile des Balges stärker, als ihre Gegenwirkung ist; die elektrische Materie der obern Schichten des Katzenbalges weichen daher dem Drange, und lassen ihre Plätze negativ zurück (§. 26.). — Nun was folgt hieraus anders, als das Hinüberstürzen des elektrischen Flüssigen aus der Kolophonienfläche in den Balg — die Entladung — der negative Zustand — des Harzes? — Reiben wir eine Glasplatte mit Katzenbalg, und wird die elektrische Materie bei dieser neuen Reibung in den Katzenhaaren eher oder stärker rege als im Glase, so treibt das rege Flüssige jenes der Glasfläche zurück, und da bei diesem Zurückweichen die Oberschichte negativ bleibt, so

kann

kann es nicht anders sein, als daß die elektrische Materie aus dem Balge hinüber in die Glasfläche ströme, und sich darinnen anhäufe.

4. Die Anhäufung der elektrischen Materie in einem nichtleitenden Körper oder seine Ausleerung, welche bei einer Reibung erfolgt, hängt mit dieser Theorie wohl zusammen. — Die elektrische Materie häufet sich in einem Nichtleiter durch Annäherung zu einem elektrisirten Körper nicht an; — §. 4. — weil seine Ziehekräfte sich nur auf kurze Abstände erstrecken — §. 5. — und mithin unfähig sind, den Zusammenhang der elektrischen Materie mit dem Leiter, und etwa auch den Widerstand der Luft, die immer zwischen den sichtbaren Berührungspunkten liegt, zu überwinden. Reibt man aber einen Körper auf dem andern, so werden durch den Aufdruck des reibenden Körpers die Abstände sehr klein, und man räumt durch Reiben die Luft auf die Seite: überdieß sind die obern Schichten des Glases stark negativ; in welche die elektrischen Theile allemal mit größerer Gewalt streben. — Die Entladung eines Harzes bei der Reibung erfolgt aus den nemlichen Gründen. —

5. Nimmt man endlich dieß als ein Gesetz an: Jener Körper wird durch Reiben negativ elektrisch, in dem die elektrische Materie eher oder stärker rege wird, als in dem andern, mit dem die Reibung vorgeht; so erklärt man sich, warum Schwefel mit Metall schwach gerieben positiv, stark gerieben negativ elektrisch werde; warum harzartige Körper durch Reiben die negative, glasartige die positive Elektricität erhalten; warum das Stück Balg, welches aufliegt und gerieben wird, negativ, und das, welches reibt, positiv elektrisch werde u. s. w. denn sobald im geriebenen Körper die elektrische Materie eher oder stärker rege wird, als im Reibzeuge, so befindet sich dieses in einer positiven Wirkungssphäre; die im geriebenen Körper erregte elektrische Materie stößt jene des Reibzeuges in die Hand zurück, und strömt in die entladenen Theile des Reibzeuges, von diesem in die Hand u. s. w. — Umgekehrt; wenn in dem Reibzeuge die elektrische Materie eher oder stärker rege wird ꝛc.

§. 35.

Gesetze, nach welchen die elektrische Materie wirket bei nichtleitenden Flächen.

Zubereitung.

Man nehme zu zwei Theilen Wachs, einen Theil Bleiweiß; schmelze sie in einem irdenen Geschirre, und rühre sie wohl untereinander: hierauf gieße man das Gemische in eine grosse zinnerne Schüssel bis auf eine einen Viertelszoll Dicke. Ist der Guß kalt geworden, so geht er leicht von der Schüssel weg, und man hat dann einen Wachskuchen, der zu elektrischen Versuchen gar geschickt ist.

Diesen Wachskuchen durchboret man an dreien gleichweit voneinander entfernten Orten, und zieht seidene Schnürlein durch, daß der Kuchen mittels dieser bequem aufgehoben werden kann.

Nun richtet man einen gleich grossen runden dicken Pappendeckel zu, und überzieht ihn mit Stanniol oder Silberpapier: alsdenn bereitet man einen ähnlichen Pappendeckel, oder eine ähnliche Scheibe, die aber im Durchschnitte wenigstens um Einen Zoll kleiner ist: in die dritte dieser kleinern Scheibe oder Tellers kütte man eine Siegellackstange fest, um die Scheibe isolirt aufsetzen und wegheben zu können.

Versuche mit einer Harz = oder Wachsfläche.

I. Man isolire eben beschriebenes Geräth. Man setze es z. B. auf ein grosses Zuckerglas, so daß die Unterscheibe unmittelbar auf der Mündung des Glases aufliege; auf diese bringe man den Wachskuchen, worüber die Oberscheibe ruhet: alsdenn nähere man an die Unterscheibe auf einen Zoll einen isolirten Kork hinzu. Bevor das Wachs gerieben worden, wird man keiner Aenderung am Korke gewahr, man mag die Oberscheibe aufheben, oder den Wachskuchen in die Höhe ziehen, oder eine andere Aenderung vornehmen. Man nehme deßhalb die Oberscheibe weg, und reibe mit dem Katzenpelz über dem Wachs, ohne die Unterscheibe anzurühren.

1. Nach der Reibung flieht der negative Kork weit zurück. 2. Zieht man den Kuchen vermittelst der Schnüre, die nicht zusammengebunden

bunden über das Zuckerglas herabhängen, von der Unterscheibe weg; so bekommt der Kork seine erste Stellung; und die Unterscheibe, die eben vorher Zeichen der negativen Elektricität gab, äußert keine Spur von elektrischer Kraft. 3. Setzt man den Kuchen, der auf beiden Seiten stark negativ elektrisch geworden, wieder auf die Unterscheibe; so weicht der negative Kork im Augenblicke wieder zurück. 4. Berührt man alsdenn die Unterscheibe; so entsteht ein Fünkchen an den Berührungspunkten, und der Kork steht wieder senkrecht. 5. Hebt man hierauf den Kuchen abermal vom Teller weg, so zieht er gewaltig den negativen Kork, und schlägt einen positiven Funken.

II. Man bediene sich nun auch der Oberscheibe, man bringe die Unterscheibe auf die Insel, und hierüber vermittelst seidener Schnüre auf den elektrisirten Wachskuchen; alsdann fasse man die Siegellackstange der Oberscheibe, und lasse sie anfangs nur senkrecht von der Höhe über das Wachs herabsteigen: 1. Schon bei einer Annäherung von zweien Zollen neigt sich der nahe Kork gegen die Unterscheibe; die Neigung wächst mit der Annäherung dieser Oberscheibe, und nimmt mit Entfernung derselben wieder ab, so,

daß

daß man an der Unterscheibe keines Zeichens der Elektricität gewahr wird. 2. Man setze die Oberscheibe abermal auf den Wachskuchen, und berühre sie mit dem Finger: die Oberscheibe giebt ein Lichtchen von sich, und der negative Kork wird stark gegen die Unterscheibe gezogen. 3. Nimmt man hierauf die Oberscheibe weg, so giebt sie Zeichen der positiven Elektricität; aber an der Unterscheibe äußert sich kein Zeichen der Elektricität. 4. Endlich wiederhole man das Aufsetzen der Oberscheibe über den Wachskuchen noch einmal, berühre dieselbe wieder, und zugleich die Unterscheibe: — vor der Sonderung voneinander giebt weder Ober- noch Unterscheibe ein Zeichen der Elektricität; nach einer Sonderung aber wird die Oberscheibe positiv, und die Unterscheibe negativ befunden, so daß sie beide nach der Absonderung vom Wachse nicht nur kleine Körperchen in Bewegung setzen, sondern laute Funken geben.

III. Untersucht man nach diesem Versuche die obere und die untere Fläche des Wachskuchens; so findet man die Oberfläche negativ, die Unterfläche aber positiv geladen: ein Teller auf die untere Wachsfläche gesetzt, empfängt eine negative Elektricität, nachdem er berührt, von derselben erhöhet worden.

* Die

* Die nämlichen Erscheinungen erfolgen, wenn man sich statt des Wachskuchens eines Harzküchleins bedienet; nur ist dieses zerbrechlicher.

Folgesätze.

I. Wird eine Wachs- oder Harzfläche mit Pelze gerieben, so bewegt sich die elektrische Materie eines andern unterlegten Körpers gegen die Oberfläche des Wachses oder Harzes; denn woher sonst die negativen Zeichen der Elektricität in den Versuchen? (I. 1, 3.) Und woher der positive Zustand nach der Berührung? (I. 5.)

II. Die elektrische Materie, die sich gegen die negative Harz- oder Wachsfläche hinbewegt, geht nicht in das Wachs oder Harz über: Wie könnte sonst die Unterscheibe im natürlichen Zustande befunden werden, nachdem das Wachs oder Harz von ihr weggenommen worden? (I. 2.)

III. Tritt ein Körper z. B. ein isolirter Teller in die Wirkungssphäre eines Wachses oder Harzes ein, so treiben die elektrischen Theile, die sich im angenäher-

ten

ten Teller abwärts bewegen (§. 26.), die elektrische Materie der untern Halbdicke der Wachs- oder Harzfläche, gegen die äussersten Schichten der untern Wachs- oder Harzfläche (III.), wodurch zwar die elektrische Materie der Unterscheibe gedrängt, und in die äußersten Schichten derselben hinausgestossen wird, aber keineswegs ein Eindringen der elektrischen Materie aus der Wachs- oder Harzfläche in die Unterscheibe erfolgt. (III. 1. 2. 3.)

IV. **Der natürliche Zustand, welcher durch Berührung der Ober- und Unterscheibe hergestellt wird (I. 4. II. 4.) hat nur in den berührten Schichten statt; die übrigen können positiv oder negativ sein.** (I. 5. II. 4.)

V. **Die elektrische Materie, welche an der Unterfläche des Harzes oder Wachses zusammengedrängt wird** (im vorhergeh. Folgeſ. III.) **heftet sich fest an.** (III. Versuch.)

*) Die Eintheilung der Körperflächen in Schichten kann nicht auffallen; denn die Theilbarkeit der Körper läßt sie zu, und die Vernunft räth sie ein. Ich setze die Sache im

Zusam-

Zusammenhange her, um sie leichter zu übersehen. Die metallene Scheibe tritt über dem Harze oder Wachse in die negative Wirkungssphäre ein: seine elektrische Materie bewegt sich deßhalb abwärts gegen die untern Schichten der Scheibe, und lädt sie positiv: dadurch werden die Schichten der Oberfläche negativ. Die Wirkungssphäre nimmt ab, wenn die Abstände wachsen: mithin auch der positive Zustand der Schichten der Oberscheibe; und da die elektrischen Erscheinungen, wie alle andere in der Natur, den Sprung verkennen, geschieht der Uebergang in den negativen Zustand vermittelst des natürlichen. Der Zustand der Unterscheibe verändert sich in verschiedenen Schichten im nemlichen Verhältniß, aber verkehrt: die nächsten am Harze oder Wachse sind negativ, die entfernten positiv; einige Schichten zwischen beiden Zuständen aus dem vorigen Grunde befinden sich im natürlichen Zustande. — Ich denke mir daher acht Schichten bei der angeführten Zubereitung, drei in der Ober = drei in der Unterscheibe, endlich zwei an dem Wachs = oder Harzkuchen. (zwei Halbdicken.) Wer nachdenkt, fühlt hier eine edle Lust in der Stätigkeit der Natur.

§. 36.

Weitere Versuche und Gesetze.

Setzt man eine isolirte Oberscheibe auf das geriebene Wachs oder Harz, während daß die Unterscheibe isolirt ist, so empfängt sie nach der Berührung eine ganz schwache Elektricität. 2. Stärker geschieht die Elektrisirung dieser Oberscheibe, wenn die Unterscheibe nicht isolirt ist. 3. Am stärksten endlich wird die Oberscheibe geladen, wenn die Unterscheibe mit der obern durch ein Metallstängchen in Berührung oder Verbindung ist.

I. Da beim Aufsetzen der Oberscheibe auf das Wachs oder Harz die elektrischen Theile der Oberscheibe abwärts treten (§. 26.), deßhalb die elektrische Materie gegen die unterste Wachs- oder Harzfläche andrängen (vorherg. §. III.) und die elektrische Materie der Unterscheibe in ihre äußersten Schichten hinausstossen; (ebenderselbe §. III.) so müssen sich diese elektrischen Theile wegen der Isolirung (Hinderung der Abfließung) stemmen, und durch ihre Gegenwirkung machen, daß die obere Scheibe nur einen geringen Grad des negativen Zustandes annimmt:

nimmt: daher im ersten Falle eine geringe Ladung.

II. Im andern Falle kann die elektrische Materie bei erfolgtem Drange aus der äussersten Schichte ungehindert ausfliessen, und mithin machen, daß die Oberschichte stärker negativ wird: folgsam kann die Oberscheibe vermöge des grössern Unterschiedes der respectiven Sättigung, und des grössern Reizes der elektrischen Materie (§. 8.) mehr geladen werden.

III. **Es steht demnach die Stärke der Ladung einer Oberscheibe, mit der Ausladung der Unterscheibe im Verhältniß, so, daß die Oberscheibe desto stärker geladen wird, je schneller und ungehinderter die elektrische Materie beim Aufsetzen derselben auf das Wachs oder Harz von der Unterscheibe wegfließt.**

IV. Daraus ergiebt sich nun das Dritte. Wenn nemlich die Unterscheibe mit der obern durch einen leitenden Körper z. B. durch ein Metallstängchen in Verbindung kommt; so kann die elektrische Materie von aussen am schnellsten wegtreten, weil sie gegen die negative Oberfläche den stärksten Reiz hat, und mithin aus der Unterscheibe, in die obere ungehindert hinüberstürzen kann.

§. 37.

Die nemliche Erfahrung zeigt eine Glasplatte, die von unten mit Zinnfolie, das die Stelle einer Unterscheibe vertritt, überzogen oder belegt ist. Man kann einer aufgesetzten Oberscheibe nur wenig Elektricität entziehen, wenn die Unterscheibe oder das Zinnfolie isolirt ist; — mehr, wenn das untere Beleg auf dem Tische aufliegt; am mehresten, wenn das Beleg oder die Unterscheibe mit der Oberscheibe durch einen leitenden Körper in Berührung ist.

I. Die Erklärungen sind, nur verkehrt, die vorigen (§. 32. I. II. IV.).

II. Es steht demnach die Ausladung einer Oberscheibe auf Glas, mit der Anladung des Beleges oder der Unterscheibe im Verhältniß.

§. 38.

Weitere Versuche und Gesetze.

1. Man setze die Oberscheibe über das Wachs oder Harz, und nehme sie ohne Berührung wieder zurück: und keines Zeichens der Elektricität wird man an ihr gewahr. 2. Wird sie

sie berührt vor dem Wegnehmen; so giebt sie Zeichen der positiven Elektricität. 3. Nach der Berührung mag man die Scheibe immer auf dem Wachs oder Harz liegen lassen, nie erfährt man daran eine Elektricität; außer die Scheibe werde von dem Wachs oder Harz weggehoben.

I. Tritt ein Körper ganz nach allen seinen Theilen, isolirt in die Wirkungssphäre eines elektrischen Körpers ein, so kommt er aus ihr in seinen vorigen Zustande zurück (1.).

II. Tritt der Körper zwar ganz ein; steht er aber durch Berührung mit andern Körpern, die auf den Boden stossen, in Verbindung, so ändert er seinen Zustand (2.), und erhält eine der elektrischen Fläche entgegengesetzte Elektricität.

III. So lange ein Körper nach der Berührung auf dem elektrisirten aufliegt, sind alle Kräfte der Elektricität dem Scheine nach todt — gebunden (3.).

* Es ist dieß eine allgemeine Erfahrung: wenn platte Flächen, deren eine +E, die andere gleich viel —E hat, in Berührung kommen, ohne daß ein Uebergang erfolgt, so zeigen sie in diesem Falle

gar

gar keine Elektricität. Trennt man sie aber wieder voneinander, so erhalten sie ihre vorige Elektricitäten wieder. P. Beccaria o) glaubte, die Platten legen ihre Elektricitäten ineinander ab, und bei der Trennung ergreife jede Fläche die ihrige wieder. Er gab dieser Erscheinung den Namen der sich selbst wiederherstellenden Elektricität, electricitas vindex — locum suum vindicans.

** Man erwäge den 32. §. und vergleiche ihn mit den eben beschriebenen Erfahrungen.

*** Braucht man statt des Wachses oder Harzes eine Glasscheibe, und wiederholt man die angeführten Versuche; so erscheinen die nemlichen Phänomene; nur werden die Metallscheiben oder Flächen, die eben positiv waren, negativ; und umgekehrt. — Das Glas selbst empfängt an der Unterseite eine negative Elektricität. — Da nun die nichtleitenden Körper alles in ihrer Art mit Glas und Harz gemein haben: so darf man die eben gefolgten Sätze für allgemein gelten lassen.

**** Be-

o) Exper. atque observ. quibus electricitas vindex late constituitur &c. Aug. Taurin. 1769.

**** Bedienen wir uns nicht mehr ableitender Ober- und Unterscheiben, sondern nichtleitender: so erfolgen die Erscheinungen eben auch sehr lebhaft; mithin haben die eben gefolgerten Sätze auch in dieser Rücksicht ihre Allgemeinheit. — Doch hierüber eine ausführliche Untersuchung.

§. 39.

Versuche mit mehreren nichtleitenden Flächen.

Eine Glasplatte über Wachs oder Harz gelegt, geht, wenn sie nicht an irgend einem Punkte berührt worden, ohne Zeichen der Elektricität zurück; mit dem Finger an einem Punkte berührt, empfängt sie eine positive Elektricität an eben demselben Punkte, sonst nirgends; — an allen seinen Theilen berührt, wird sie gewaltig positiv elektrisch. — Eine Harz- oder Wachsplatte auf Glas gelegt, erzeugt die nemlichen Erscheinungen, nur im negativen Zustande. — Eine Glasfläche auf einer andern elektrisirten Glasfläche wird negativ elektrisch, und eine Harzfläche auf einer elektrisirten Harzfläche positiv; eine Wachsfläche auf einer elektrisirten Wachs-

Wachsfläche wird nach der Berührung auch positiv elektrisch.

1. Die Erscheinungen bei nichtleitenden Körpern sind jenen der ableitenden ganz ähnlich, wenn wir das einzige Ausnehmen, daß sie die Elektricität nur an den berührten Punkten annehmen, und nicht so wie die leitenden mittheilen; — Da nun ähnliche Wirkungen ähnliche Ursachen voraussetzen, so wird die Erklärung nicht mehr schwer scheinen; besonders da wir den Grund des bemerkten Unterschiedes schon angegeben, und er das wesentliche nicht ändert. Nemlich kommt ein nichtleitender Körper z. B. eine Glasfläche in die Wirkungssphäre eines negativen, so bewegen sich die elektrischen Theile gegen die entladene Harz- oder Wachsfläche; da nun die obersten Schichten dieser Nichtleiter negativ geworden, so dringt die elektrische Materie aus dem angenäherten Ableiter in jenem Theil, den er berührt. — Warum empfängt nicht die ganze Oberfläche eine Ladung nach der Berührung Eines Punktes? Der Grund hievon liegt in den Kräften der nichtleitenden Körper, die sich nur auf sehr kurze Abstände erstrecken, und mithin unvermögend sind, den Zusammenhang der elektrischen Materie

rie mit ihren benachbarten Theilen zu überwinden.

* Es lassen sich mit **Glasplatten** auf dem Wachs- oder Harzkuchen sehr schöne und manchfältige Experimente anstellen: ich habe einiger in der Abhandlung „**Neueste Versuche idioelektr. Körper ohne Reiben elektrisch zu machen** p)“ erwähnet, ich merke hier nur an, daß im Falle, wo nur die Mitte der Platte berührt, und da mit dem Finger ein Zirkelraum eines Kopfstückes Größe bezeichnet wird, dieser Raum mit mehrern Kreisen von **entgegengesetzter Elektricität** umgeben werde: §. 27. Folgesätze *.

§. 40.

Weitere Versuche, mit mehrern nichtleitenden Flächen.

Kommen mehrere Glasflächen übereinander in die Wirkungssphäre eines elektrisirten Harzes, so findet man die oberste allemal positiv, und die zweite allemal negativ; aber die übrigen

p) Augsburg 1781.

gen sind bald ganz positiv, oder ganz negativ, bald auch auf einer Seite positiv, auf der andern negativ. — Werden mehrere Glasflächen auf einen isolirten Katzenbalg gestellet, so ist die oberste allemal negativ; die zweite allemal positiv: die übrigen sind verschiedenen Zustandes.

I. Die oberste wird bei mehrern aufgesetzten Glastafeln nach der Berührung auf Harz positiv, auf Glas negativ; die nächste daran erhält eine der ersten entgegengesetzte Elektricität, die übrigen haben kein Gesetz.

* Die oberste hat ihre Erklärung wie oben (§. 34.). Die zweite kommt allemal in die Wirkungssphäre der ersten, sie muß daher auch eine entgegengesetzte Elektricität bekommen. — Die übrigen Erscheinungen hangen eben so von der Wirkungssphäre ihrer vorhergehenden Tafel ab. Da nun diese wegen ihren verschiedenen Graden, wegen der dazwischen kommenden Luft, wegen der Ungleichheit der Berührungen u. d. gl. Aenderungen leiden, so läßt sich leicht begreifen, woher der Unterschied der Elektricitäten.

** Ver=

** Versuche dieser Art finden sich in m. Abhandlung „neue Erfahrungen, idioelektr. Körper ohne Reiben elektr. zu machen".

*** Werden Streifen aus gemeinem oder holländischem Papier, ähnlich den seidenen Bändern, zurecht gemacht; wohlgetrocknet; alsdann in freier Luft durch einen Handschuh aus Katzenhaaren gezogen, oder auf dem Tische aufliegend gerieben; so lassen sich die schönsten Experimente zur Bestätigung der Gesetze der elekr. Wirkungssphären hervorbringen. Besonders, wenn bald mehrere bald wenigere Streifen, und diese bald stärker bald schwächer gestrichen werden. Die Farbe des Papiers ändert nichts ꝛc. — **Simmers** Versuche mit seidenen Bändern und Strümpfen gehören auch unter diese Rubrik. Die Strümpfe darfen eben nicht aus Seiden sein: auch leinene begünstigen die Versuche.

§. 41.

Ueber die Erscheinungen des Anziehens und Abstossens. Versuche.

I. Man hänge ein Korkkügelchen an einen seidenen Faden auf, und elektrisire es mit einer Sie-

Siegellackstange. — Es nähert sich anfangs gegen das Siegellack bis zur Berührung; alsdenn fährt es schnell zurück; es flieht auch immer mehr, je näher ihm die Siegellackstange kommt. II. Macht man den Versuch mit einer Glasröhre, so ist die Erscheinung jener ganz ähnlich. III. Zwei Fäden an einem isolirten Leiter aufgehängt, gehen von einander, der Leiter mag **positiv** oder **negativ** geladen sein.

Erklärungen.

I. **Erklärung des ersten.** Die Siegellackstange ist **negativ** elektrisch; kommt nun der Kork auf einige Entfernung, so zieht die Elektricität, die sich im Kork gegen das Harz anhäuft, die leeren Harztheilchen mit Gewalt an sich. — Da nun dieser Körper sehr beweglich, und sein Gewicht sehr klein ist, so überwindet dieses Ziehen die Schwerkraft, und der Kork springt mit beschleunigender Bewegung gegen das Harz. — Nach der Berührung hat es seine Elektricität dem Harze mitgetheilt, und kam in den negativen Zustand: die Körper im negativen Zustande bekommen in der Luft eine positive Atmosphäre: (§. 30.) was folgt hieraus anders, als das Zurückstossen der elektritrischen Theilchen, die sich in der Luft um die Korkkügelchen angehäuft haben; und mit diesen das Zurücktreten des Korkes.

II. **Erklärung des andern.** Glas wird **positiv** geladen, das Korkkügelchen kommt in seine Wirkungssphäre, die Theile des Korks gegen das Glas zugewandt, werden **negativ**; (§. 26.) die leeren Körpertheilchen werden von der elektr. Materie mit Energie angezogen (§. 8.). Der Kork nähert sich. Nach der Berührung sind im Korke und im Glase die elektrischen Theile angehäuft, sie treiben sich einander zurück (§. 11.) und wegen des geringen Gewichtes des Korks, den Kork mit zurück.

III. **Erklärung des dritten.** Die Fäden am **positiven** Leiter werden positiv elektrisch: stossen also einander (II. vorherg.). — Die Fäden eines **negativen** Leiters verlieren; die elektrische Materie in der Luft häuft sich daher um sie an, und treibt die leichten Fäden zurück.

---

§. 42.

§. 42.

Weitere Versuche über das Ziehen und Abstossen.

1. Man hänge mittels eines seidenen Fadens ein Glöckchen a (Fig. 12.) an einem Stängchen auf, neben diesen bringe man zwei eiserne an Seidenfäden isolirte Schlägelein b und c; neben diese hänge man noch zwei Glöcklein d und e von Eisendräten herab. Itzt verbinde man die mittere Glocke a durch einen Drat mit dem Conductor oder Zuleiter, und drehe den Haspel. — Den Augenblick fangen die Glocken zu spielen an. — Nemlich das Glöcklein a wird mit dem Leiter negativ, die Schlägelein b und c kommen in die negative Wirkungssphäre, und werden an den Seiten a positiv: die angehäufte elektrische Materie in einer Seite der Schlägelein strebt nach den leeren Plätzen der Glocke a, und reißt die bewegliche Schlägelein mit fort an das Glöcklein a: da fließt denn die elektrische Materie der Schlägelein b und c in in die Glocke a über; worauf die Schlägelchen mit der Glocke a einerlei negativen Zustand erhalten, und mithin von einander treten (§. 11.); da bewegen sich denn die negativ gewor-

denen Schlägelchen gegen die Glocken d und e und stellen sich durch die Berührung mit ihnen in den natürlichen Zustand: von diesen gehen sie dann wieder weg, und bewegen sich wieder gegen das Glöcklein a u. so w. — Die Erklärung ist nun leicht, wenn der Leiter und die Glocke a positiv geladen sind.

2. Hängt man eine kleine Metallplatte von dem Conductor herab; bringt unter diese ein kleines Stativ mit einer größern Platte, so daß sie zwei bis drei Zolle von einander abstehen; legt dann auf die untere Platte etwa einen Zoll große Papierfiguren, so werden diese beim Umdrehen der Maschine wechselweise angezogen und abgestossen. — Nemlich die untere Platte tritt mit den daraufgelegten Figuren in einen elektrischen Wirkungskreis ein, und werden dann dem Leiter entgegengesetzt elektrisirt. Die leichten Figuren werden daher gegen den Leiter gezogen; ist diese negativ; so geben die Figürchen ihre elektrische Materie in diesen ab, und nachdem sie mit ihm ähnlichen Zustandes sind, fliegen sie von ihm weg, setzen sich abermal durch Berührung der untern Platte in natürlichen Zustand, werden dann wieder angezogen u. s. w. und stellen eine Art vom Tanze vor.

* Macht man die Köpfe der Figürchen **spitzig**, oder so **naß**, dringt die elektrische Materie leicht ein, oder strömt leicht aus: eben dieß gilt von der Zuspitzung oder Naßmachung der Füsse: durch diesen Handgriff wird das Experiment mehr spielend (**Eeles**).

** Statt der Männchen aus Papier kann man kleine weiße **Papierfetzchen** oder **Sandkörnchen**, oder **Goldblättchen** ꝛc. auf die untere Platte legen, und eine Vorstellung machen, die eine Aehnlichkeit mit dem **Schneien**, **Hageln**, **Goldregnen** ꝛc. hat. — Ein Stücklein Kork, durch welches etliche Fäden gezogen, hat das Ansehen einer **schwebenden Spinne**, wenn es zwischen einem elektrisirten Conductor und einer leitenden Fläche an einem Seidenfaden aufgehängt wird. u. s. w. — Siehe „**elektrische Spielwerke von Seiferheld**“.

II.

Anwendung

der

Gesetze der Elektricität.

Die Natur giebt die Gesetze,

Der Mensch macht die Anwendung.

Anwendung der Gesetze auf die Elektrophore.

§. 43.

Beschreibung.

1. Gießt man wohl gereinigtes braunes Harz, etwa Kalophonium, in eine flache metallene Schüssel, und richtet sich eine metallene Platte zu, welche auf den ebenen Harzkuchen wohl anpasset, aber im Durchschnitte ein Paar Zolle weniger als diese hält, und durch seidene Schnüre, oder einen nichtleitenden Handgriff isolirt ist; besitzt man ein elektrisches Instrument, welches nach einer Reibung mit Katzenbalg geschickt ist, sehr lang eine so starke Elektricität zu erwecken, als zu den gewöhnlichen Absichten erforderlich ist: dieses Instrument erhielt von ihrem eigentlichen Erfinder, dem itzigen Prof. der Physik zu Pavia, H. **Volta** von Camo den Namen **beständi-**

diger Elektricitätsträger Elektrophor (electrophoro perpetuo.)

2. Eine Glasfläche auf eine metallene Platte gelegt, und oberhalb mit einer Scheibe versehen, die mittels seidener Schnüre aufgehoben werden kann, ist ebenfalls ein Elektrophor.

3. Der Elektrophor besteht daher wesentlich aus einer nichtleitenden, und aus zwei leitenden Flächen;

a dem Harzkuchen, oder der Glasfläche —

b der Oberscheibe, oder dem Teller, Deckel, Clypeus, Trommel (von ihrer Gestalt her) ꝛc.

c und der Unterscheibe, oder der Schüssel, der Form ꝛc.

4. Statt der Scheiben aus massivem Metall oder Blech, kann man, Wohlfeile halber, starke Pappendeckel wählen; man schneidet eine beliebig große Scheibe aus dem Pappendeckel, und macht daran einen Reif etwa einen Zoll hoch; alsdann überzieht man diese Tellerform ganz mit Silber = oder Goldpapier; und gießt darein die

Harz-

Harzmasse. Hierauf schneidet man abermal aus einem Pappdeckel die Scheibe, welche aber wenigstens um ein Paar Zolle im Durchschnitte kleiner als die Unterscheibe sein muß; diese umgiebt man ebenfalls mit einem Raude, der aber blos so hoch sein darf, daß sich die seidenen Schnüre schicklich durchziehen lassen . . . Die Scheiben müssen recht wohl abgerundet sein.

5. Dem Harze muß immer ein Theil venetian. Terpentin beigemischt werden, daß die Harzmasse nicht so leicht springt: recht sprödes braunes Harz fodert zwei Loth Terpentin auf ein Pfund. Erfolgen dennoch Sprünge, so lassen sich diese mit einem glühenden Platteisen, das man darüber herhält, wieder repariren. — Man bedient sich zu Harzkuchen allerlei harziger Compositionen: ich finde die Mischung aus zwei Theilen Wachs und einem Theil Bleiweiß (§. 32.) darinn vorzüglich, daß sie gar nicht springt.

6. Katzen, oder Haasenfelle sind die besten Reibzeuge; doppelt zusammengelegter warmer und trockner Flanell, den man mit beiden Händen hält, mit ihm auf den Kuchen zuschlägt, und bei jedem Schlage den Flanell

über

über den ganzen Kuchen hinweg gegen sich zieht; macht große Wirkung; eben so auch der Fuchsschweif, wenn man mit ihm den Kuchen peitscht.

7. Die Wirkung der Elektrophore richtet sich nach ihrer Grösse: ein Elektrophor von anderthalb Schuhen im Durchmesser macht recht gute Effecte.

§. 44.

Versuche mit dem Elektrophor aus Harze.

Man setze die metallene Platte vermittelst der seidenen Schnüre auf die Harzfläche, und 1. nehme dieselbe **unberührt** zurück: sie giebt kein Zeichen der Elektricität. 2. Man setze sie wieder auf, und **berühre** sie mit dem Finger, und nach der Berührung erhebe man sie wieder: es erscheint am Berührungspunkte ein Fünkchen, und aufgehoben vom Harzkuchen giebt sie Zeichen der positiven Elektricität, zieht leichte Körper an, und schlägt einen leuchtenden Funken. 3. Man setze den Teller wieder auf, und lasse ihn in der **Verbindung** mit den umstehenden Körpern; so lange die Verbindung dauert, so lange der Körper unverrückt auf dem Harze ruhet, äußert er nicht das geringste Zeichen einer Elektricität; aber nur ein wenig davon weggehoben, zieht er an, und giebt Feuer.

Folgesatz.

I. Die Zubereitung (§. 35.) war nichts anders als eine **Analisis** des Elektrophors; und bei Erklärung der Hauptphänomene eben dieses Werkzeuges braucht es nur eine Anwendung der Folgesätze des nemlichen 35. §. Zum Ueberfluß setze ich eine ausführliche Erklärung bei. — Kommt der Teller in die **negative** Wirkungssphäre des Harzes, so bewegen sich zwar die elektrischen Theile des Tellers aus den oberen Schichten abwärts gegen die Fläche des negativen Körpers; sie kommen aber wieder zurück, so bald der Teller aus der Wirkungssphäre heraustritt: mithin befindet er sich in seinem alten Zustande (1.). Wird der Deckel nach seiner Aufsetzung über Harz von einem ableitenden Körper z. B. vom Finger berührt; so fließt die elektr. Materie bis zur respectiven Sättigung aus diesem in die obern negativen Schichten des Tellers. . . . Da nun die an der untersten Schichte angehäuften elektrischen Materietheilchen bei Wegnehmung des Tellers in ihre Plätze zurückkommen, so müssen sie nothwendig mit der neu angekommenen den Teller positiv laden (2.). Läßt man endlich den Teller nach der Berührung auf dem Harze liegen, so befinden sich die obersten Schichten des Tellers immer im natürlichen Zustande; mithin kann sich die Elektricität nicht thätig äußern. —

Stellt man die Versuche auf dem Glase an, so sind die Erscheinungen die nemlichen (§. 38. ***), ausser daß der Teller negativ elektrisirt wird. — Tritt der Teller in die positive Wirkungssphäre ein, so stossen die elektrischen Theilchen, die im positiven Körper eben so stark rege sind, von der untern Fläche gegen die obern zu, daß sie sich an der obersten anhäufen, und die untern Schichten leer lassen: geht nun der Teller wieder unberührt aus dem Wirkungskreise, so treten die verdrängten Theile, vermöge der respectiven Sättigung, in ihre vorige Plätze, und bringen dem Teller seinen vorigen Zustand zurück. 2. Wird der Teller wieder aufgesetzt und berührt, so giebt der Teller einen Funken, und wird negativ elektrisch, denn während, daß der Teller aufsitzt, so sind die elektrischen Theile in den obern Schichten des Tellers, angehäuft (aus dem vorherg.) mithin gehen sie in einen angenäherten Körper über, bis zwischen sei-

seiner obern Schichte und dem Leiter z. B. dem Finger die respective Sättigung hergestellt ist; der Teller verliert demnach, und kann nicht anders als negativ aus der positiven Wirkungssphäre zurückkommen; das 3. erhellet von selbst.

§. 45.

Versuche mit dem isolirten Elektrophor.

1. Wird der Elektrophor isolirt; 2. izt der Teller aufgesetzt, 3. dann der Teller berührt, 4. hierauf weggenommen, 5. der weggehobene wieder berührt; so sind die

Erfolge: Der negative Kork, welcher als Probirinstrument nahe am Elektrophor hängt, wird von der Unterscheibe stark angezogen, sobald der Teller aufgesetzt wird; denn die elektrische Materie, welche im Oberteller gegen das Harz sich anhäuft, stößt jene der Unterscheibe abwärts, und lädt die äußersten Schichten derselben positiv (§. 35. Folges. III.). — Berührt empfängt er einen sehr kleinen Funken; einen Funken, weil die obersten Schichten des Tellers negativ sind; (§. 36.) einen kleinen Funken, weil die Unterscheibe isolirt ist, und ihre elektrische Materie an andere Leiter nicht absetzen kann (§. 36.). —

Auf-

Aufgehoben giebt er einen kleinen Funken, weil er durch die Berührung geladen — und aus dem vorigen Grunde nur gering geladen worden.

§. 46.

Weitere Versuche mit dem isolirten Elektrophor.

1. Läßt man den Elektrophor auf der Insel, setzt den Teller abermal auf, und berührt izt die Unterscheibe — 2. alsdenn die Oberscheibe, während daß sie noch auf dem Harze liegt, endlich 3. auch alsdann, nachdem sie aufgehoben worden.

Erfolge. Die Unterscheibe giebt einen Funken; weil sie ihre elektrische Materie an den Finger abgiebt — (vorherg.). 2. Die Oberscheibe empfängt einen grössern, als im vorigen Versuche; weil sich die elektrische Materie freier gegen das Harz anhäufen, und die obersten Schichten des Deckels mehr negativ zurücklassen konnte: da nun der Deckel in diesem Versuche mehr als im vorigen empfangen, so giebt er auch 3. aufgehoben einen grössern Funken. (§. 36. II. III. Folges.)

§. 47.

Bestätigung des Vorherzehenden durch weitere Versuche mit dem isolirten Elektrophor.

1. Ich strich meinen Elektrophor, der dritthalb Schuhe im Durchmesser hat, machte an den **Deckel** und an den **Rand der Schüssel** eine **Spitze** an, und setzte dann den Elektrophor auf eine gute Insel.

2. Izt brachte ich den **Deckel** über den Kuchen, und näherte eine Hand der **Spitze** dieser **Oberscheibe**, und die andere der **Spitze** der **Unterscheibe**. — An der obern Spitze erschien ein **Sternchen**, an der Spitze der Unterscheibe ein **straliges Lichtbüschelchen**.

3. Izt hob ich die Oberscheibe in die Höhe, während daß ich die andere Hand noch nahe an der Spitze der Unterscheibe hielt: izt gieng ein **straligt Flämmchen** aus der Spitze der Oberscheibe, und ein **Stern** zeigte sich an der Spitze der Unterscheibe.

Nemlich da das Sternchen oder Lichtknötchen ein Zeichen des Hineinfließens in die Spitze — das stralige Licht aber ein Zeichen des Heraus-

strömens

strömens ist (§. 13.); so erhält das Factum (§. 44. Folges.) seine Bestätigung. Sobald nemlich der Deckel berührt wird, so fährt von der Hand die elektrische Materie in ihn, und stößt jene der Unterscheibe, die in der Wirkungssphäre der obern sich befindet, in die angrenzenden Leiter hinaus. Und wird der aufgesetzte Teller in die Höhe gehoben, so kommt die Unterscheibe aus der positiven Wirkungssphäre, und zieht von den angrenzenden Leitern elektrische Materie wieder ein (§. 36.). — Anders: Wird die elektrische Materie an der **Oberscheibe** angeladen, so erfolgt an der **untern** eine Erschöpfung: wird der **Oberscheibe** die elektrische Materie entzogen, so wird sie der **Unterscheibe** zugeführt.

*) Verkehrt erfolgen die Erscheinungen, wenn der Harzkuchen durch eine Verstärkungsflasche positiv geladen wird. Da erscheint das stralige Lichtchen anfangs an der Spitze des aufgesetzten Tellers, und das Lichtknötchen an der Spitze der Schüssel. Wird der Teller aufgehoben, so erscheint izt das Sternchen an der Spitze der Oberscheibe, und das stralig Flämmchen an der Spitze der Unterscheibe.

§. 48.

§. 48.

Versuche mit dem Elektrophordeckel, den man über Flächen herhält.

I. Wird auf dem Deckel des Elektrophors das Quadrantenelektrometer angemacht; alsdann derselbe wie gewöhnlich geladen, und 1. aufgehoben; 2. hierauf wieder auf den Elektrophor niedergelassen, so, daß er vom Kuchen etwa nur einen halben Zoll absteht; 3. hernach wieder in die Höhe gehoben, so erscheinen folgende Phänomene.

1. Das Elektrometer steigt bis 90 — 100 Grade:

2. Das Elektrometer fällt mit der Annäherung zum Elektrophor bis auf 40 — 30 Grade.

3. Das Elektrometer geht auf seine vorige Höhe zurück.

II. Wiederholt man den Versuch, und rührt den elektrisirten Deckel an; während daß er vom Elektrophor einen halben Zoll absteht, und nachdem er aufgehoben werden, nochmal;

so erscheint im ersten Falle ein viel kleinerer Funken, als sonst, wo der Deckel hoch erhoben berührt worden;

und im zweiten Falle giebt der Deckel noch ein schwaches Fünklein.

III. 1. Bringt man einen geladenen Elektrophordeckel an einen andern, der in Freiem hängt, ladt ihn, und entladt ihn wieder: so erscheint ein und das anderemal ein mäßig grosser Funken.

2. Läßt man hernach den Elektrophordeckel auf den Harzkuchen oder auf eine andere Fläche z. B. auf den Tisch herab, daß der Deckel etwa einen Viertelszoll absteht; und ertheilt ihm in dieser Entfernung abermal einen Funken; so erscheint der Funken weit lebhafter als im vorigen Versuche. Wird nun der Deckel wieder von der Fläche entfernt, und berührt; so übertrift auch izt der Funken jenen des vorigen Versuches weit an Stärke.

* Geschieht die Ladung des Deckels mit einem Verstärkungsfläschchen, wovon wir nachher handeln, so ist die Manipulation leichter, und die Erfolge fallen noch besser aus.

§. 49.

§. 49.

Erklärung, und das Gesetz von der Capacität und Intensität der Elektricität, wenn sich Flächen nahe sind.

Nemlich sobald der Deckel elektrisirt wird, während daß er nahe über eine Fläche hängt, so thut die elektrische Materie, die im Deckel angehäuft ist, auf die Fläche ihre Wirkung, und treibt die Elektricität der Fläche gegen den Fußboden, daß die obersten Schichten der Fläche entladen werden: da strebt dann die elektrische Materie des Deckels abwärts gegen die leeren Plätze, und häuft sich deßhalb an der untersten Schichte des Deckels mehr an (§. 44. Folges.): woraus folgt, daß die obersten Schichten desselben mehr entladen, und zur Aufnahme der elektrischen Materie fähiger werden. — Wird der geladene positive Deckel nahe an die Fläche gebracht, wie Vers. I. und II., so treibt die angehäufte elektrische Materie jene des Tisches abermal mächtig fort; und strebt deßhalb mit Gewalt in die leeren Räume: es muß also das Elektrometer fallen: berührt nun in diesen Umständen ein leitender Körper den Deckel, so bleibt ein Theil, der von dem negativen Raume

des

des Tisches stärker als von dem Finger gezogen wird, zurück: also erscheint nicht nur ein schwächerer — weniger intenser Funken, als im Falle, wo der Teller frei hängt, sondern wegen zurückgebliebenem Rest der anfangs angehäuften elektrischen Materie auch ein zweiter Funken, wenn man den Deckel ganz von der Fläche wegnimmt.

* Die angeführten Erscheinungen erfolgen auch alsdann genau so, wenn das Harz positiv, mithin der Deckel negativ elektrisirt worden; welches leicht geschehen kann, wie wir bald nachher zeigen werden. — So oft ein Körper also einem andern nahe ist, während daß er elektrisirt wird, so ist er der Elektricität **capacer** — wenn er aber unter diesen Umständen entladen wird, so ist seine Elektricität **minder intens, schwächer.** — Und dieser Erfolg ist ganz einstimmig mit den Gesetzen der Wirkungssphären, und bestätigt sie auf eine auffallende Art.

. Man versteht nun aus den angeführten Versuchen und gegebenen Erklärungen, was die Naturforscher wollen, wenn sie die eben bewiesenen Gesetze also ausdrücken: " die

Ein-

Einsenkung eines elektrisirten Körpers, der isolirt ist, in den Wirkungskreis eines entgegengesetzt elektrisirten vermindert die Intensität, und vermehrt die Capacität deßselben".

§. 50.

Weitere Versuche mit dem Elektrophor, und Hervorbringung des elektrischen Schlages.

Man setze den Elektrophor auf den Tisch, und bemerke den Funken,

1. wenn die Oberscheibe allein, und
2. wenn die Unterscheibe und die Oberscheibe zugleich berührt werden — etwa dadurch, daß der kleine Finger der rechten Hand an die Unterscheibe und der Daume an der Oberscheibe hingreift.

Erfolge. Im ersten Falle ist der Funken zwar grösser, als er ist, wenn der Elektrophor auf einer Insel steht, aber lange nicht so groß, als wenn die Unter- und Oberscheibe zugleich in Verbindung stehen. — Die aufgehobene Oberscheibe giebt nur im letztern Falle die größten Funken.

2. Während daß der kleine Finger an die untere, der Daume an die Oberscheibe greift, wird die Hand gewaltig erschüttert. — Ja, durch beide Arme und durch die Brust geht die Erschütterung, wenn man mit einer Hand erst an den Rand der Unterscheibe greift, hernach mit der andern Hand die Oberscheibe berührt. —

* Beim Elektrophor aus Glas geben die Versuche die nemlichen Erfolge nur verkehrt, und im geringern Grade.

§. 51.

Zusammenstellung aller Gesetze und Erscheinungen beim Elektrophor.

I. Die Oberscheibe auf den Elektrophor gesetzt, und unberührt weggenommen, giebt keine Zeichen der Elektricität (§. 42.).

II. Wird der Deckel berührt, während daß er aufliegt, so empfängt er von dem Finger einen Funken — welcher sehr groß ist, wenn die Unter- und Oberscheibe zugleich; kleiner ist, wenn die Ober-

scheibe

scheibe allein berührt wird — am kleinsten ist, wenn der Elektrophor isolirt ist. . .

* Im ersten Falle hindert die Gegenwirkung der elektrischen Materie, die wegen der Isolirung von der Unterscheibe nicht abfließen kann (§. 45.), daß die Oberscheibe im hohen Grade entladen werde; denn die in der Unterscheibe angehäufte elektrische Materie wirkt jener der Oberscheibe entgegen, und hindert in dieser das Hinabströmen gegen die Harzfläche.

Im zweiten Falle ist der Abfluß leichter, weil die Form auf dem halbleitenden Tische steht.

Im dritten Falle kömmt die Unterscheibe mit dem leitenden negativen Teller in Verbindung: da ist dann wegen dem größten Unterschied der respectiven Sättigung zwischen beiden Scheiben der Ausfluß der elektrischen Materie aus der äußern am schnellsten, mithin ihre Gegenwirkung auf die abwärts gegen die Harzfläche strebende elektrische Materie der Oberscheibe am geringsten, folglich dieser ihre Entladung am stärksten, also auch die Anhäufung der elektrischen Materie in ihr, durch Verbindung der Unter= und Oberscheibe zugleich am stärksten (§. 36. III. Folges.)

III. Nach der Berührung der Oberscheibe erscheint weder an dieser noch an der Form ein Zeichen der Elektricität; — jeder Elektricität Wirksamkeit **scheint gebunden** zu sein. — Beide sind nemlich im **natürlichen** Zustande. (§. 44. Folges.)

IV. Die Elektricität der berührten und aufgehobenen Oberscheibe ist allemal jener des Elektrophors entgegen gesetzt, **ungleichnamig**. (§. 44.)

V. Die Elektricität der Oberscheibe ist vor der Berührung jener des Elektrophors **gleichartig**, **gleichnamig** (§. 44.).

VI. Die Elektricität der Unterscheibe ist vor der Aufsetzung des Deckels jener des Elektrophors gleichartig, **gleichnamig** (§. 44.), nach der Aufsetzung **ungleichnamig** (§. 44.).

VII. Die Erscheinungen des Elektrophors lassen sich sehr oft **wiederholen**, ohne daß eine neue Reibung erfodert wird. — Von Einer Reibung lassen sich oft Monate lang elektrische Funken erhalten: daher der Name **beständiger Elektricitätsträger**.

VIII.

VIII. Berühret man die Unter = und Oberscheibe zugleich; so erhält die Hand einen erschütternden Schlag. — In diesem Falle nemlich geht die elektrische Materie in grosser Menge auf einmal und plötzlich durch die Hand in die Oberscheibe über. Da nun eine beträchtliche Quantität elektrischer Materie plötzlich los wird, und concentrirt die reizbaren Nerven der Hand durchfährt, so läßt sich nebst dem krachenden Funken die empfindliche Erschütterung in den Fingern nicht nur geradehin begreifen, sondern sie muß nothwendig so erfolgen (§. 50.).

IX. Wird ein geladener Deckel in die Wirkungssphäre eines Elektrophors eingesenkt, so verliert er seine Intensität. . . Wird er aber im Wirkungskreise von einem andern positiven geladen, so hat er mehr Capacität: daß also die Intensität mit der Capacität im verkehrten Verhältnisse steht (§. 48.).

---

§. 52.

Ein sogenannter doppelter Elektrophor.

Ist eine von H. Prof. **Lichtenberg** q) angegebene Einrichtung des Elektrophors, welche dazu dient, beide Elektricitäten, die **positive** und **negative**, auf eine bequeme Art gleich nebeneinander zu haben. — Eigentlich ist also der **doppelte Elektrophor** ein Geräth von **zwei Elektrophoren**, die man aus der Absicht nebeneinander setzt, daß man bequem die **positive** und **negative** Elektricität hervorbringe. Man macht nemlich zwei Elektrophore in einem Brette ein, oder setzt zwei nebeneinander. Reibt man einen mit Katzenbalg, und trägt dann die positive Funken mittels der Oberscheibe in die Trommel des zweiten hinüber; so wird durch das gewaltige Hinstürzen der elektrischen Materie auf den der Harzfläche genau anpassenden Deckel die positive Elektricität auch dem Harze mitgetheilt: es entsteht also ein **positiver Elektrophor**, auf welchem eine Oberscheibe **negativ** elektrisch aufgehoben wird. Durch wiederholte Funken wird die Elektricität des Harzes sehr **verstärkt**.

§. 35.

q) Magazin für das Neueste aus der Phisik und Naturgeschichte I. B. 2. St.

§. 53.

Vom Luftelektrophor.

Zubereitung. Man nagle eine Glanzleinwand über eine Rahme: hänge sie so in der Luft auf, daß ihre Fläche nirgends aufliegt; und setze eine Trommel darüber: so hat man an diesem Geräthe ein Instrument, das geschickt ist, so starke Elektricität hervorzubringen, als zu den gewöhnlichen Versuchen erfoderlich ist, man hat einen — negativen Elektrophor (§. 43.) — Fig. 2. Taf. I. —.

*) Statt der Glanzleinwand kann man sich auch einer andern Leinwand, eines Tuches, eines Woll- oder Seidenzeuges, Papiers, Pappendeckels, dünnen Holzbrettchens oder anderer dünnen Flächen bedienen. — Die Glanzleinwand hat Vorzug wegen der Glätte ihrer Oberfläche.

Läßt man einen Katzenbalg an seidenen Schnüren zwischen eine Rahme also aufhängen, daß er die Rahme nirgends berührt — mithin isolirt ist; läßt diesen frei in der Luft schweben, und versieht ihn mit einer Trommel, so hat

hat man einen **positiven Elektrophor** (Fig. 1. I. Taf.).

* Andere Pelzarten von zarten Haaren thun die Dienste eines Katzenpelzes.

** Vor dem Gebrauche müssen Leinwand etc. und Katzenbalg etc. sehr wohl getrocknet sein — jene mit Katzenbalg, dieser mit der blossen Hand gerieben werden.

*** Die Elektrophore dieser Art sind bekannt geworden unter dem Namen **Luftelektrophore** r). Man stellte sich bei diesem Ausdrucke etwas anders vor, als er bedeutet, deßhalb mags wohl gekommen sein, daß jenen die Bezeichnung dieses Instrumentes uneigentlich schien, welche die Beschreibung desselben mit ihrer Vorstellung nicht einstimmend fanden. Diese Elektrophore äußern durchaus kein Zeichen der Elektricität, wenn sie auf einer Basis, wie andere Elektrophore, auflie-

gen,

r.) Neue-philos. Abhandl. der Churbaier. Akademie I. B. 1779. M. Abhandlung von dem Luftelektrophor, 2te Aufl. Ulm 1770. — Positiver Luftelektrophor und seine Anwendung auf eine Elektrisirmaschine. Augsb. 1782.

gen, sondern nur, wenn sie in der Luft frei schweben. Nebenbei findet sich die Elektrophoreigenschaft nicht an der **Glanzleinwand** allein, sondern, wie ich vorher sagte, auch an **dünnen Brettchen**, am **Pappendeckel**, am **Leder** u. s. w. Es war also ein Wort nöthig, um **alle** diese Elektrophore, die **einerlei characteristische Merkmale** haben, genau zu bezeichnen: — dieß ist der wahre und nach meiner Meinung der hinlängliche Grund der Benennung „**Luftelektrophore.**"

§. 54.

Versuche, mit dem Luftelektrophor.

1. Man mache an dem Rande eines gemeinen Elektrophors drei seidene Schnüre fest, daß man ihn durch ihre Vermittelung so aufheben kann, daß das Harz abwärts gegen den Tisch, die Schüssel über sich sehe: 2. man stelle alsdann zwischen der Schüssel und dem Teller das Gleichgewicht, nemlich zwischen dem obersten und untersten Schichten, den natürlichen Zustand her; und setze 3. den Teller und die Schüssel noch übereinander gelegt, also auf eime-

metallenes oder hölzernes Gestell, daß der Teller unten liegt, und die Schüssel, in die das Harz gegossen, oben: 4. man rücke einen negativen Kork gegen den Rand der Schüssel an, und man wird keines Zeichens der Elektricität gewahr. — 5. Hebt man alsdann den Elektrophor in die Luft, so giebt er die stärksten Zeichen der Elektricität: 6. setze ich den Elektrophor wieder auf den Teller, so ist alle Erscheinung dahin: 7. ziehe ich ihn wieder in die Höhe, so sind die Zeichen der Elektricität wieder da. — Wer sieht nun hier die Aehnlichkeit dieses Versuches mit jenem, der bei dem sogenannten Luftelektrophor vorgeht, nicht? — doch eine ausführliche Anwendung dieser Parallele.

* Bedient man sich des Wachskuchens mit zwei Scheiben nach §. 35; so sind die Erfolge die nemlichen.

§. 55.

Erklärung.

Liegt ein Elektrophor aus Leinwand auf dem Tische, so vertritt dieser die Stelle einer Oberscheibe, die nicht isolirt ist. Die Leinwand ist der

Elek=

Elektrophor, den man beim Versuche statt des Tellers in die Luft zieht. Gilt nun der Grundsatz etwas: ähnliche Wirkungen haben ähnliche Ursachen; so lassen sich die oben angegebene Erklärungen auch hier anwenden. — Nemlich legen wir einen Elektrophor aus Leinwand auf einen flachen Körper z. B. auf den Tisch, und streichen wir seine Oberfläche mit dem Balge, was erfolgt? — Die elektrische Theilchen stürzen sich aus den obern Schichten des Elektrophors in den Balg; gegen die leere Räume zu bewegen sich die elektrischen Theile der Unterfläche, und lassen ihre untersten Schichten im negativen Stande zurück; die elektrische Materie des Tisches, der im natürlichen Zustande ist, strebt nach der respectiven Sättigung, und häufet sich gegen die untere Fläche des Elektrophors zu an. — Hat das Reiben sein Ende, so befinden sich die obersten Schichten im natürlichen Zustande. Es mag demnach immer ein Versuch an dieser Oberfläche gethan werden: nie werden wir Zeichen der Elektricität wahrnehmen. Wird alsdann der Elektrophor in die Luft gehoben, so treten die elektrischen Theile an den ersten Schichten in die leeren Plätze zurück, und die ganze Fläche ist negativ elektrisch. —

§. 56.

§. 56.

Weitere Erklärung.

Die **starken Wirkungen** aber! — Auch diese haben eine vollständige Aehnlichkeit mit jenen, die der erhobene Elektrophor (§. 54.) giebt: sie müssen demnach aus der nemlichen Ursache, die sich von selbst darbiethet, erkläret werden: nur muß man sich nebenbei des Gesetzes erinnern: die Flächen sind über die Flächen gebracht der Elektricität Capazer (§. 48.).

* Andere Phänomene, die beim ersten Anblicke auffallend scheinen, und die in Menge bei den Versuchen mit diesen Elektrophoren vorkommen, lassen sich leicht auf die allgemeinen Grundsätze zurückführen, und werden mündlich erkläret.

** Ich gab die Erklärung über den **negativen Luftelektrophor**, um wegen der Aehnlichkeit seiner Elektricität mit jener des Harzelektrophors leichter verstanden zu werden: man denke bei den Erscheinungen, die isolirter **Ratzenbalg** hervorbringt, an seine **positive** Elektricität, und aus unserer Theorie läßt sich alles auf das ungezwungenste erklären.

An=

Anwendung der Gesetze auf die elektrische Verstärkung.

§. 57.

Bestimmung und Zurichtung der elektrischen Verstärkung.

Ein Glas, wessen Grösse und Form es immer ist, das auf beiden Seiten mit einer gutleitenden Fläche z. B. mit Goldblättchen oder Staniol bis auf 2 — 3 Zolle belegt worden, hat das Vermögen unter gewisser Zurichtung, die elektrischen Erscheinungen im **allerhöchsten** Grade darzustellen, und heißt dann die elektrische **Verstärkung** armatura electrica.

* Die Belegung mache ich bei Gefässen von weiten Oefnungen mit **Blattgold**, das ich auf das Glas, welches ich mit Speichel benetze, auflege, und mit Baumwolle genau andrücke; bei Gefäßen von engem Halse bediene ich mich zur innern Seite, einer Auflösung aus zwei Theilen Zinn, 2 Theilen Wißmuth und 6 Theilen Queck-

sil-

silber, gieße die Auflösung in das wohlgereinigte und erwärmte Glas, und lasse es herumlaufen: wo sich dann die Auflösung an das Glas anhängt, und dasselbe auf diese Weise belegt. — Die ganze Außenseite der Gläser überziehe ich mit Firniß, der mit einer beliebigen Farbe abgerieben ist.

Hat das belegte Glas die Gestalt einer Flasche, so ist es mit einem in Wachs getauchten Stoppel zugemacht, durch den ein starker Messingdrat geht, der innerhalb bis auf den Boden reicht, und außerhalb in einen Hacken, Ring, Knopf sich endigt — und so zugerichtet heißt die Flasche **Ladungsflasche** oder vom Orte der Entdeckung her, die **Leidnische Flasche**, phiala armata, phiala Leidensis; sieht es aus wie ein **Zuckerglas**, das mit einem anpassenden Deckel aus Holz gemacht ist, durch dessen Mitte ebenfalls ein starker Drat geht, welcher von innen das Beleg berührt, und von außen sich in einen Hacken, Ring oder Knopf endet, und dieses Glas nennt man das **Verstärkungsglas** Lagena electrica; ist endlich das Glas ein **Viereck**, auf dessen Beleg, mit Siegellack ein Hacken angemacht ist, so giebt man ihm den

Na-

Namen, die **elektrische Platte**, **Ladungsplatte**.

Werden mehrere Flaschen zugleich gebraucht, so nennt man sie eine **elektrische Materie**.

Die auffallendste Erscheinung bei diesem elektrischen Werkzeuge ist diese, daß ein **erschütternder Schlag**, explosio, entsteht, so bald die Elektricitäten beider Seiten durch irgend ein Mittel vereinigt werden: dieses Phänomen heißt auch der elektrische Schlag, oder der **Leidnische**, der **Kleistische**, oder **Muschenbröckische** Versuch, experimentum Leidense.

* Statt der Gläser kann man sich auch der **Harz**- oder **Wachsflächen** bedienen, d. i. eines Elektrophors, um die Erschütterung hervorzubringen.

§. 58.

Gebrauch der elektrischen Verstärkung.

Man verbindet den aus der Verstärkung hervorgehenden Hacken oder Knopf mit dem Conductor, und dreht die Haspelmaschine — oder die Glasmaschine.

Je nachdem nun das Umdrehen der Maschine lange oder kurz dauert — je nachdem die Elektricität häufig oder mässig erregt wird — je nachdem die Oberfläche des Beleges groß oder klein ist — — erfolgt ein **höher** oder **geringer** Grad der Elektrisirung **oder der Verstärkung.**

Setzt man nun die **äußere** und **innere Seite** der Lagene, oder die **obere** und **untere** der Ladungsplatte in Verbindung — **dadurch**, daß man mit dem Auslader *) an das äußere Beleg, und zugleich an den Hacken der innern Seite hinlangt; so erfolgt der **elektrische Schalg.**

*) Man verfertigt ein eigen Instrument, um die Entladung leicht, und bei Batterien ohne alle Gefahr zu erhalten: dieses heißt dann der Auslader Excitator electricus. Ich bediene mich bei gewöhnlichen Versuchen eines starken 2 Schuhe langen Messingdrates, den ich an den Enden in Ringe, und in der Mitte in einen Winkel biege, und bei der Entladung einer Batterie in ein gläsernes Kerzenmodell als in einen nichtleitenden Handgriff einsetze. — Von künstlichern Ausladern z.

B.

B. von jenem des Henli (universal discharger u. a. mündlich (Fig. 13. Taf. I.).

* Der Weg, den der elektrische Strom bei Entstehung eines elektrischen Schlages macht, heißt der Erschütterungskreis, Circulus concussionis.

§. 59.

Versuche zur Bestimmung und Erklärung des elektrischen Schlages.

1. Man nehme ein cilindrisches Glas A (Fig. 17. Taf. II.), das oben keinen Rand hat, mache aus Pappendeckel zwei ähnliche cilindrische Becher B, C zu rechte, deren einer dem Innern, der andere dem Aeußern des Glases anpasset: die beiden Gefässe aus Pappendeckel, oder die papierenen Becher überziehe man mit Silberpapier; und in jenem, der der innern Seite des Glases angemessen ist C, befestige man einen gläsernen Handgriff a b, etwa ein Kerzenmodell, daß man den Becher mittels dieses isolirt herausnehmen, und wieder hineinsetzen kann.

2. Man bringt nun den Becher mit dem Handgriff C in das Glas, und diesen in den etwas weitern Becher B: dieses ganze Geräth setzet man gerade unter dem Leiter, von dem eine Kette herabhängt, mit welcher der innere Becher in Berührung gesetzt werden kann.

3. Lädt man nun den innern Becher, und bringt den Auslader mit einem Schenkel an den äußern Becher, mit dem andern an die aus dem innern hervorgehende Kette: so erfolgt der elektrische Schlag. Nemlich die mit Silberpapier überzogenen Becher vertreten die Stelle des äußern und innern Beleges, und das ganze Geräth ist ein **Verstärkungsglas** D.

4. Wiederholt man die Ladung noch einmal; hebt alsdann die Kette mittels einer Glasröhre aus dem innern Belege heraus; nimmt hierauf den innern Becher vom Glase weg, sondert auch den innern vom Glase ab; bringt hierauf die Becher, nachdem sie berührt worden, wieder mit dem Glase in die vorige Verbindung, und rührt endlich mit dem Auslader den äußern und innern Becher zugleich an; so erscheint ohne weitere Zubereitung wieder **der elektrische Schlag.**

I. Die Elektrisirung der Verstärkung geschieht also im Glase, und nicht in den Belegen.

II. Und der elektrische Schlag ist nichts anders als ein plötzlicher Uebergang einer beträchtlichen Menge elektrischen Materie aus einer Fläche in eine andere: wo immer dieser Uebergang möglich, da ist der elektrische Schlag möglich.

III. Bei einem Verstärkungsglase sind die metallenen Belege die bloßen Vehikel, welche den plötzlichen Uebergang der elektr. Materie möglich machen.

§. 60.

Weitere Versuche über den elektrischen Schlag.

1. Wiederholt man den Versuch; und untersucht nach weggenommenen Belegen den Zustand der Elektricität

der innern

und äußern Seite

des Glases — mit dem Probirinstrument;

so giebt die innere Seite Spuren der positiven, die äußere Spuren der negativen Elektricität.

2. Entlädt man nach Zusammenfügung aller Theile das Glas wieder; setzt das Glas auf eine Insel z. B. auf ein gläsernes Viereck; hebt dann das innere Beleg durch den gläsernen Handgriff heraus; sondert auch das äußere Beleg mittels eines Nichtleiters vom Glase ab; und untersucht die Elektricität

des innern und

des äußern Beleges,

so findet man die innere Belegung negativ, die äußere positiv elektrisch.

3. Macht man den Versuch mit der Haspelmaschine oder häuft die elektrische Materie von außen an, so findet man nach der Entladung die Zustände der Elektricität verkehrt — die innere Glasseite negativ, die äußere positiv: mithin das Beleg auf der innern

ne=

negativen Glasseite positiv, und das Beleg an der äußern positiven Glasseite negativ.

4. Nebenbei giebt das innere Beleg 100mal oder öfter ein Fünklein, wenn mans 100mal oder öfter herausnimmt und wieder hineinsetzt; — Fünklein der positiven oder negativen Elektricität, je nachdem die Elektricität von innen angehäuft oder erschöpft ist.

5. Sogar 100mal empfindet die Hand eine Erschütterung, wenn der innere und äußere Becher zugleich berührt werden. —

Folgesätze.

I. Die Seite des Glases, die mit dem positiven Conductor in Verbindung ist, wird allemal mit elektr. Materie angeladen; die entgegengesetzte Seite davon entladen (1. und 2.) und umgekehrt (3): aber eben dieser Umstand macht einen plötzlichen Uebergang, der elektr. Materie von einer Fläche zur andern — d. i. — den **elektr. Schlag** möglich (§. 58. II.).

II. Die **Belegung** in einer Verstärkungsflasche empfängt nach der Entladung

eine

eine neue

und jener des Glases entgegengesetzte Elektricität.

III. Es gehen daher in einer Verstärkungsflasche die Aenderungen vor, welche wir am Elektrophor wahrgenommen haben (§. 44.). Wird die obere oder innere Seite der Lagene positiv, so verliert die untere, äußere derselben. Setzt man die innere oder obere Seite in den negativen Zustand, so erhält die äußere die positive Electricität u. s. w.

IV. Es ist demnach in dieser Hinsicht eine Verstärkungsflasche nichts anders als ein Elektrophor von anderer Gestalt: die innere Belegung vertritt die Stelle der Unterscheibe, und das dazwischen liegende Glas macht den Elektrophor selbst aus.

* Nemlich wird die elektrische Materie an der innern Seite, der innern Halbdicke des Glases angehäuft, so befindet sich die äußere Seite die äußere Halbdicke in einer positiven Wirkungssphäre, und nimmt also eine entgegengesetzte Elektricität an; — denn die angehäufte elektrische Materie wirkt mit ihrer

Stoß-

Stoßkraft auf jene der äußern Seite stärker; als diese entgegenwirkt; diese weicht also der Stoßkraft, und fließt an die angrenzenden Leiter ab. — Daß nach der Entladung die innere Seite noch etwas positiv bleibt, rührt daher, weil die nichtleitenden Körper ihren elektrischen Zustand ungerne ändern (§. 6, II.).

** Daß die elektrische Materie von außen abfließen müsse, wenn sie von innen soll angehäuft werden; — und daß der innern Seite keine elektr. Materie könne entzogen werden, ohne daß der äußern Seite eben so viel zufließe, erhellet noch aus vielen andern Versuchen; zum Beispiele:

§. 61.

Weitere Versuche mit der Verstärkung.

1. Hängt man eine kleine Ladungsflache an den Leiter, daß die äußere Seite nur die Luft berührt, oder isolire sie sonst sehr gut; — so wird die innere Seite nicht geladen.

2. Bringt man die Flasche über ein Glas, und setzt sie so unter den Conductor, daß aus

die=

diesem Funken auf den Knopf der Flasche schlagen; so sieht man auch an einem metallenen Stängchen, das nahe an das äußere Beleg gebracht wird, eben so viel Funken ausströmen, als von innen zufließen.

3. Macht man das äußere Beleg so an, daß es unterbrochen ist, wie eine sogenannte Blitzscheibe (§. 24.); so erscheint die von der äußern Fläche abströmende elektrische Materie unter unzählich vielen Fünkchen. Entladt man hernach die innere Seite dieser Flasche durch Annäherung einer stumpfen Spitze zu dem Knopf, so erscheint die von außen zufließende elektrische Materie abermal unter unzähligen Fünkchen.

4. Isolirt man eine Flasche und verbindet die innere Seite mit dem Knopf, so häuft die innen concentrirte elektrische Materie durch ihre Wirkung auch jene der Außenseite an der äußern Glasschichte an, so, daß sie einen Funken schlägt. — — Nimmt man itzt auch einen Funken von der innern Seite, so findet man die äußere negativ.

5. Und umgekehrt — macht man die innere Seite negativ, so fließt die elektrische Materie der äußern Halbdicke gegen die innere, und läßt dann die äußerste Schichte negativ — wird die-

se

sie berührt, so fährt von außen ein Funken hinein — — wird nun auch der Knopf der innern Seite berührt, und in den natürlichen Sättigungsgrad versetzt, so wird die Außenseite wieder positiv.

6. Wird auf den Knopf und an der Außenseite eine Spitze angemacht, und der Knopf in einiger Entfernung unter den Leiter gesetzt, so erscheint an der Spitze des Knopfes

ein Lichtknötchen,

an der Spitze der Außenseite

ein straliges Flämmchen.

Nemlich, während, daß die elektrische Materie in die Flasche durch die Spitze einströmt, fließt sie wieder durch die Spitze der Außenseite heraus.

7. Man hänge an einem Stativ (Fig. 18. Taf. II.) zwei Reihen Glöcklein so auf, daß die mittlern isolirt, und die übrigen an Dräten angemacht sind; die Schlägelein (Kleppelchen) seien auch isolirt. Nun verbinde man das eine isolirte Glöcklein a mit dem äußern Beleg einer isolirten Verstärkung F, und das andere b

mit

mit der innern C. Man drehe nun die Glaskugel:

alle Glöcklein läuten;

denn die elektrische Materie, welche innerhalb angehäuft ist, stößt auf jene des äußern Beleges, da aber diese nicht abfließen kann, so häuft sie sich an dem äußern Belege, und in der mit ihr verbundenen Glocke a an.

Wird während der Ladung die äußere Seite mit der Hand gehalten, oder ein Drat an dieselbe gelegt, der über die Glasfläche A B (Isolatorium) herabgeht, so läuten blos die Glocken, deren mittere mit der positiven Seite verbunden ist; — denn in diesem Falle kann die elektrische Materie von außen abfließen in die Hand oder in den leitenden Drat.

Nimmt man izt den Drat von außen hinweg, oder zieht die Hand von der Flasche; rührt dann den Knopf C an; so schweigen im Augenblicke die Glocken, deren mittere mit dem Knopf in Verbindung ist, und diejenigen, deren mittere mit der äußern Seite F in Verbindung sind, spielen. Nemlich der Finger zieht die elektrische Materie aus dem innern Belege; mithin häuft sich diese nicht mehr in der mittern Glocke b

an:

an: folglich schweigen die Glöcklein auf der Seite E. Inzwischen muß von außen die elektrische Materie in dem Maaße zufließen, in welchem sie der innern Seite entzogen wird: es ist aber der Zufluß nur aus der mittern Glocke a möglich, weil die Flasche isolirt, und ihre Außenseite nur mit dieser Glocke in Verbindung ist: die Glocke a wird daher negativ *), mithin spielen die Glocken auf der Seite D (§. 42.).

*) Probe, mit dem Probirinstrument. (§. 13. II. Folges.)

Nimmt man hierauf den Finger wieder vom Knopfe C, und berührt das äußere Beleg F, so schweigen die Glocken bei D, und die bei E spielen wieder u. s. w.

* Dieß Experiment ist sonst unter dem Namen: "elektrische Fug" bekannt.

§. 62.

Noch einige Erscheinungen bei der Verstärkung, und ihre Erklärung.

1. Nach der ersten elektrischen Explosion erhält man gerne noch eine zweite, ja wohl manchmal eine dritte — im geringen Grade aber. — Nem=

Nemlich die elektrische Materie ist im Glase, außerhalb oder innerhalb, angehäuft (§. 60. Folges. I.), und befindet sich dann im Zusammenhange mit dem Glase: deßhalb hält die Ziehekraft des Glases, ungeachtet der Entladung, einen Theil elektrischer Materie zurück.

2. Die Explosion erfolgt bei einer starken Ladung gewöhnlich eher, als der Auslader zur Berührung des innern Beleges kommt . . . weil die sehr angehäufte elektrische Materie vermögend ist, sich mit Gewalt durch die Luft einen Weg zu bahnen . . . Aus welchem Grunde auch erklärbar wird, warum die sehr angehäufte elektrische Materie dünne Verstärkungsgläser durchzubrechen vermag.

3. Eine grössere oder mehr geladene Flasche kann mehrern Fläschchen die Explosionsfähigkeit **mittheilen**, wenn nemlich die äußere Seite desselben mit dem äußern Belege der geladenen Lagene, und die innere der kleinern mit der innern der armitten in Verbindung gesetzt wird.

4. Die Geschwindigkeit des elektrischen Stromes ist außerordentlich: biethen sich hundert Personen die Hände, und formiren einen Verbindungskreis, so empfindet die erste und

letzte

letzte Person den Stoß im nemlichen Augenblicke. **Le Monnier** ließ eine Entladung durch einen 950 Klafter langen Drat gehen, und er bemerkte keine Zwischenzeit zwischen dem Austritt der elektrischen Materie aus der innern Seite und dem Eintritt in die äußere. **Watson** leitete 1747 den elektrischen Schlag durch eine Verbindung von vier englischen Meilen, 2 Meilen Drat und 2 Meilen trockenen Landes, und dieser grosse Raum ward in einem Augenblicke durchlaufen s). **Volta** zeigte aber durch spätere Versuche, daß jene des Watson's zweideutig seien t).

5. Wird der Verbindungskreis durch unvollkommene Leiter **unterbrochen**, so erhält jener, der sich in den Kreis setzet, eine schneidende und höchst widrige Empfindung . . . Ist der Verbindungskreis stät, ununterbrochen, so verursacht die durch den thierischen Körper durchfahrende elektrische Materie ein plötzliches Zusammenziehen der Muskeln, und eine höchst unangenehme Erschütterung der Nerven . . . woher der Name elektrische Erschütterung concussio electrica. — Wo der durchfahrende Funken Hinderniß findet, con=

s) Priestlei S. 71.

t) Rosier Journal de physique 1779.

concentrirt er sich, und durchbricht das Hinderniß mit Gewalt. Daher kommt es, daß wir den elektrischen Stoß an den Gelenken und auf der Brust am schmerzlichsten fühlen. — Ein Schlag, der durch mehrere Personen geht, ist schwächer, als welcher Eine durchfährt; denn im Durchgange durch mehrere Personen, wird durch die gegenseitige Anziehung immer mehr von der elektrischen Materie zurückgehalten, als im Durchgange durch eine Person: worinn auch der Grund liegt, warum bei einer Reihe Menschen jener, der den Conductor anrührt, den stärksten Schlag bekommt u. s. w.

§. 63.

Versuche, den Elektrophor durch eine Verstärkung Explosionsfähig zu machen.

1. Man ladt eine Verstärkungsflasche, an der ein krummgebogener Drat mit einer Kugel angemacht ist; nun bringt man diese Flasche so an den Elektrophor, daß das Beleg derselben an dem Rande der Unterscheibe anliegt, und der Knopf den Deckel berühret. — In dem Augenblicke entsteht ein starker elektrischer Funken an dem Berührungspunkte. Nun greife man mit einer Hand an den äußern Rand des Elektrophors;

phors, und mit der andern an den Deckel: und man empfindet den elektrischen Schlag mächtig. — Die elektrische Materie ist nemlich durch ihren plötzlichen Uebergang aus der Flasche in den Deckel in diesem sehr angehäuft: mithin die elektrische Explosion durch den Elektrophor nothwendig. (§. 59.)

* Es dürfen 24 Personen in dem Concussionskreise stehen, alle erhalten einen sehr merklichen Schlag.

2. Untersucht man die Elektricität des öfter aufgehobenen Deckels, so findet man sie negativ . . . Die elektrische Materie, welche mit Gewalt in den Teller stürzte, durchbrach die gewöhnlichen Hindernisse, drang auch in das Harz, und lud es positiv — und zwar in sehr hohem Grade. — Es kann daher eine plötzliche Anhäufung oder Erschöpfung der elektrischen Materie das Hinderniß überwinden, welches bei gewöhnlichen Versuchen mit dem Elektrophor vorhanden ist.

* Der angeführte Versuch kann so lange wiederholt werden, als lange die Flasche merklich geladen ist.

3. Wiederholt man die Ladung der Flasche, und setzt sie dann geladen auf die Oberscheibe des Elektrophors — bringt dann den einen Schenkel des Ausladers an den Rand der Unterscheibe, und den andern an den Knopf der Verstärkung, so erfolgt eine elektrische Explosion. — Wird die Flasche in ihrer Stellung gelassen; und die erste Person einer Reihe greift mit einer Hand an die Unterscheibe des Elektrophors — und die letzte an den Teller, so empfinden alle, die im Concussionskreise stehen, den elektrischen Stoß. — Wird nun die Flasche abgenommen, und der Deckel öfter aufgehoben, so erscheinen wieder sehr grosse Funken — positiver Elektricität. — — Denn da bei der Explosion die elektrische Materie von der innern Seite in Menge entzogen worden; so mußte sie von außen zufließen, und mithin bei gegenwärtiger Zurüstung dem Oberdeckel, und dem mit ihm verbundenen Harzkuchen mit Gewalt entrissen werden. Woraus die Entladung des Harzes, und der Stoß des Elektrophors erklärt wird.

---

§. 64.

Versuche mit Spitzen und Knöpfen bei der Verstärkung.

1. Setzt man eine Ladungsflasche auf eine Insel gerade unter den Conductor; macht alsdenn eine Spitze oben an den Knopf, und eine an der Seite, am Belege an; lädt itzt den Leiter. —

So erscheint ein Knötchen Feuer an der obern Spitze — und ein straligt Licht an der Spitze des Beleges.

2. Man wiederhole den Versuch, aber so, daß der Leiter negativ geladen werde. —

Itzt erscheint an der obern Spitze ein straligt Licht, und an der Seitenspitze ein Fünkchen.

* Sieh die Aehnlichkeit der Erscheinungen bei der Verstärkung mit jenen des Elektrophors (§. 47.), und die neue Bestätigung des Gesetzes „häuft sich die elektrische Materie innerhalb an, so fließt sie von aussen ab; und umgekehrt.“ (§. 60. Folges. I.).

** Wird auf die Spitze ein Knopf oder ein metallener Kegel geschraubt, so schlagen Funken auf den Knopf — blitzförmig mit lautem Krachen.

§. 65.

Weitere Versuche mit Spitzen und Knöpfen.

1. Wird eine Metallspitze nahe an eine Verstärkung gestellt, so erscheint an der Spitze ein Sternchen; — die Spitze saugt die elektrische Materie ein, und hindert dadurch die starke Anladung der Flasche.

2. Versucht man mit der Spitze, die man an ein Ende des Ausladers angemacht, zu explodiren, so ist die Explosion durch die Spitze viel schwächer als durch die Kugel. Ja,

3. Wird die Spitze langsam angenährt, so folgt gar kein Schlag. — Die Spitzen saugen nemlich die Verstärkungen schon in weiten Entfernungen leer.

4. Die Knöpfe nicht also: Es geschieht auf sie allemal ein starker Schlag.

5. Wird die Spitze mit einem flachen Körper gedeckt, und in dieser Anrichtung der Kugel der Verstärkung angenährt; alsdann die Fläche schnell von der Spitze weggezogen: so erfolgt auf die Spitze nicht nur ein Schlag, sondern die Schlagweite ist viel grösser, als bei Annäherung des Knopfs. — In diesem Falle findet die elektrische Ladung weniger Hinderniß in der Luft als bei einem angenäherten Körper einer grossen Oberfläche; auch ist die langsame Ableitung in einem kurzen Abstande nicht mehr möglich: es erfolgt also eine plötzliche Entladung einer grossen Quantität elektrischer Materie und zwar in weitem Abstande.

§. 66.

Weitere Versuche und Aufschlüsse über die Natur des elektrischen Schlages.

Apparat.

An einem 4 Zolle weiten und zwei Schuhe langen Cilinder A (Fig. 19. II. Taf.) aus weißem Glase ließ ich in der Mitte a einen andern kleinen Glascilinder b c anpassend einschneiden, und mit Leinwand gut anleimen.

Dem Innern des Cilinders ließ ich ein Rohr e f aus Papp anbequemen, das mit Silberpapier überzogen ist, genau dem Glase anpaßt, unten und oben zwei Zolle kürzer als der Cilinder ist, und hineingeschoben und herausgenommen werden kann.

Außerhalb ließ ich ein ähnliches Rohr zurecht machen, daß sich mit Schnüren anbinden, und nach Belieben wieder wegthun läßt.

An dem vordern Theile des Cilinders B schiebe ich eine Röhre aus Pappendeckel ein, die vornen mit einem gebogenen Deckel versehen, in dem einige Spitzen eingesetzt sind, und die gerade die bewegliche innere Röhre erreicht.

Und bringe dann die ganze Anrichtung auf einen gegossenen Glascilinder C.

* Man sieht ohne meine Erinnerung, daß die ganze Anrichtung eine Art isolirter Verstärkungsflasche ist, woran die innere Röhre von innen, und der äußere Ueberzug das Beleg von außen ist.

---

§. 67.

§. 67.

Versuche.

1. Versuch. a. Man bringt eine Verstärkung A so an den äußern Ueberzug e f, daß sie mit ihrem Knopf daran anrührt: und dreht die Glaskugel so oft um, als es sonst bei der Anladung einer guten Verstärkung nöthig ist.

Itzt sondert man die Verstärkung ab, und setzt den äußern Ueberzug des Cilinders A mit der innern Röhre durch den Auslader in Verbindung. — Es erfolgt ein starker Schlag.

b. Nun untersucht man den Zustand der Verstärkungsflasche A: diese ist positiv geladen, und giebt bei ihrer Entladung ebenmässig einen starken, dem vorigen beinahe gleich grossen Schlag.

I. Also strömte die elektrische Materie von der äußern Seite der Verstärkung ab, während daß die innere angeladen wurde; wie könnte sonst die Flasche positiv sein? (§. 60. I. Folges.).

2. Versuch.

a. Man wiederhole den Versuch; rücke die Flasche nochmal an die äußere Seite des Cilinders und drehe die Maschine.

b. Itzt entlade man erstens die Flasche A: sie giebt wie vorher einen starken Schlag.

c. Nun setze man den Auslader so an den Apparat, daß ein Arm desselben an die äußere Seite der Flasche rührt, der andere hinein in den Cilinder reicht, und an die innere Röhre greift: — es erfolgt ein Schlag. —

d. Untersucht man die Elektricität der Flasche A; so findet man sie negativ: und bringt man die Aussenseite mit der innern in Berührung, so geschieht wieder ein Schlag.

I. Wie scheinbar liegt es also am Tage, daß in einer Verstärkungsflasche die äußere Seite positiv elektrisch wird, wenn sich die elektrische Materie von innen anhäuft! und daß bei einer elektr. Explosion von innen nichts kann entzogen werden, wenn von außen die elektr. Materie nicht zuströmt. Wie könnte sonst die Flasche A die negative Elek-

tri-

tricität besitzen, wenn sie nicht an den Ueberzug ef die elektrische Materie in dem Maaße abgegeben hätte, in welchem sie von innen herausgeführt worden?

3. Versuch.

Man wiederhole den Versuch wie vorher. Man drehe erst die Maschine, und lade den innern Theil des Cilinders an; während daß die Flasche mit ihrem Knopfe das äußere Beleg berührt.

a. Nun entlade man die positiv geladene Flasche.

b. Itzt greife man mit dem Auslader an den äußern Theil der Flasche, und an das innere Beleg des Cilinders, und explodire auf diese Weise den Cilinder.

c. Hierauf entlade man die negative Flasche.

d. Alsdann setze man den Auslader abermal so an, daß er an die äußere Seite der Flasche und an das innere Beleg des Cilinders greife: — Es erfolgt abermal eine Explosion, die

die aber merklich grösser ist, als die vorhergehenden gewesen.

e. Setzt man itzt auch die äussere Seite der Flasche mit ihrem Knopf in Verbindung, so entsteht abermal ein Schlag — der aber noch viel schwächer ist, als die vorigen waren.

f. Und so kann noch eine und andere Explosion erzielt werden.

I. Es fließt also die elektrische Materie von der äußern Seite einer Verstärkung weg, wenn sich dieselbe an der innern Seite anhäuft (vorherg.). Sobald der innern Seite ein Quantum elektrischer Materie entzogen wird, so muß ebenfalls von außen ein Quantum zufließen (vorherg.). Und es kann der innern Seite nur in dem Maaße die elektrische Materie entzogen werden, in welchem sie von außen zufließen kann — — oder hätte im widrigen Falle nicht der Cilinder auf einmal entladen werden müssen? —

* Daraus erklärt man sich, warum kein Schlag entsteht, wenn eine Person an den Knopf einer geladenen Flasche greift, während daß sie mit

dem

dem äußern Beleg keine andere Gemeinschaft als jene durch den **Fußboden** hat: der Zufluß durch schlechte **Leiter** zur äußern Fläche ist nur langsam; es ist also der plötzliche Abfluß von innen in grösserer Quantität auf einmal nicht möglich.

II. Bei einer Verstärkungsflasche ist daher **die Ableitung von außen eben so fleißig** zu besorgen, als die **Zuleitung** von innen. — **Je schneller** und ungehinderter die elektrische **Materie** von außen abfließt; desto mächtiger wächset das Streben der elektrischen Materie nach der Außenseite; und foglich desto **empfänglicher wird die innere Seite der Anladung.**

* Die äußern Seiten sind alle mit einem Drat n o p q (Fig. 14. I. Taf.) in Verbindung, der über den Fußboden, durch ein Fenster in die Erde läuft, und da an einem eisernen Stängchen fest gemacht ist.

** Vielleicht liegt der große **Unterschied**, den man in Hinsicht auf die starke Anladung unter ganz gleiche Gläser findet, blos darinn, daß eine Flasche die elektrische Materie von ihrer äußern Seite schneller losläßt, und

in

in das leitende Beleg lieber abgiebt, als eine andere. Und dieser Unterschied der Gläser muß vermuthlich in ihren zufälligen Eigenschaften, nicht nur in ihrer größern Dünnheit, sondern auch in dem bestimmten Abkühlungsgrade, größern Homogenität u. s. w. gesucht werden.

*** Von geübtern verdienen gelesen zu werden Bohnenbergers neue Gedanken über die Möglichkeit, elektrische Verstärkungsflaschen weit stärker als bisher zu laden v).

**** Man bemerkt bei der ersten Ladung nie einen Funken, der der Grösse des Funkens aus einem Conductor von mittelmässiger Grösse gleich käme. — Nemlich die Verstärkung scheint die Funken zu binden, ein Conductor dieselben frei loszulassen. — Um hievon einen deutlichen Begriff, und eine befriedigende Erklärung zu erhalten, stellte ich folgende Versuche an.

§. 68.

v) In der V Fortsetzung seiner Beschreibung einiger elektr. Maschinen und Versuche: oder im IV Hefte des Journals der Phisik S. 19. ꝛc.

§. 68.

Versuche über das Woher des Unterschiedes zwischen den Funken der Verstärkung und eines Conductors.

1. Man setze die Maschine, derer Apparat ich oben §. 66. beschrieben, an die Glaskugel; stecke an das andere Ende einen Knopf (Fig. 19. Taf. II.), dessen Stiel unten etwas breit ist, zwischen die innere Röhre, und nähere dieser Kugel auf ein Paar Zolle den Auslocker b.

2. Man drehe itzt die Maschine: es entstehen unaufhörlich Funken zwischen der Kugel a und dem Auslocker b.

3. Nun lasse man eine Person die Hand oder den Finger an das äußere Beleg bringen oder man hänge eine Kette m n an dasselbe: — Augenblicks verschwinden die Funken.

4. Die Person ziehe die Hand zurück; und die Funken schlagen wieder.

5. Die Person bringe die Hand oder den Finger wieder an den äußern Ueberzug: und es verschwinden abermal die Funken u. s. w.

I.

I. Dieses Instrument mag daher wohl ein Funkenbinder und Funkenlöser heißen: und der Grund

der einen

und der andern Erscheinung

muß darinn gesucht werden: daß die Maschine

einmal als Conductor,

das anderemal als Verstärkungsflasche wirkt. . . .

II. Der Unterschied zwischen Conductor und Verstärkungsflasche liegt darinn, daß

im Conductor nichts ist, was die elektrische Materie vom schnellen Uebergange in einen nahen Leiter zurückhalten könnte;

bei der Verstärkungsflasche aber so etwas ist, das diesen Uebergang hindert.

* Nemlich kann die elektrische Materie von der äußern Seite einer Verstärkung hinlänglich abfließen, so strebt die elektrische Mate-

rie,

rie, welche an der innern Seite aufgehäuft wird, mit Gewalt nach der Aussenseite, und will dort die leeren Plätze einnehmen. Es wird also die elektrische Materie einer Verstärkung nie in einen weit entfernten Auslocker übergehen, weil sie von der negativen Aussenseite zurückgehalten wird. . . .

Also Grund des ersten Phänomens, daß keine Funken entstehen, wenn die Hand an den äußern Ueberzug greift, oder von ihm eine Kette herabhängt: nemlich

in diesem Falle kann die elektrische Materie abfließen.

Bei einem Conductor ist blos die Luft die Scheidewand, welche die elektr. Materie vom nahen Körper sondert; allein diese durchbricht die elektrische Materie leicht, wenn sie gehörig angehäuft ist, besonders, weil der nahe Auslocker in seiner positiven Wirkungssphäre negativ wird: —

Also Grund des zweiten Phänomens, im Falle, daß die elektrische Materie vom äußern Ueberzug nicht abfließen kann; denn in diesem Falle ist blos der Reiz der elektrischen Materie gegen den Auslader und keiner gegen eine andere Fläche vorhanden.

** Bricht der Funken einer Verstärkung aus, dadurch, daß ihm eine Bahn zum äußern Beleg gemacht wird, so ist er natürlich um so viel dichter, als er kürzer ist im Vergleich mit dem Funken eines Conductors.

*** Nöthigt man den elektrischen Strom einer Verstärkung durch einen kleinen Raum eines Nichtleiters zu gehen; so wird er verstärkt; weil er sich unter solcher Behandlung verdichtet, und mit concentrirter Kraft wirket.

§. 69.

Versuche des Hrn. Wilke und des Hrn. Aepin's.

Verbindet man eine mit Stanjol überzogene Holzscheibe mit dem Conductor; setzt unter diese eine ähnliche Scheibe, die mit dem Fußboden eine Verbindung hat; drehet hierauf die Glaskugel; so wird die obere Scheibe, wie der

Con=

Conductor positiv, die untere, welche sich in der obern ihrer Wirkungssphäre befindet, negativ elektrisch.

Berührt man nun die negative Platte mit einer Hand, die positive mit der andern; so empfängt man einen Schlag.

* Dieser Erfolg ist gemäß dem, was wir (§. 59. I. Folges.) sagten, ganz natürlich.

** Es stellen sich die neuern Naturforscher w) die Luft zwischen den zwei Scheiben geladen vor, und sprechen von der Ladung einer Luftplatte; allein dieser Ausdruck ist offenbar zweideutig, und der Vergleich dieser Luft mit dem Glase einer Verstärkung gilt nach meiner Einsicht nicht. Die Luft, welche sich zwischen den zwei Scheiben befindet, hindert zwar durch ihre Undurchgängigkeit den Uebergang der elektr. Materie in die Unterscheibe; aber ein Zustand dieser Luft, welcher jenem des Glases bei einer Verstärkung ganz ähnlich sein soll, ist nicht erwiesen. — Diese Luft schwebt in dem positiven Wir-

w) Cavallo S. 183. Adams S. 122. rc.

Wirkungskreise der Oberscheibe, und wird wie die Unterscheibe negativ (§. 32.): eine andere Vorstellung ist gegen die Analogie.

§. 70.

Versuche, einen elektr. Schlag ohne Beleg hervorzubringen.

Ich bediene mich zum Versuche eines Elektrophors von dritthalb Schuhen, und einer gemeinen Glastafel, die 14 Zolle lang und einen Schuhe breit ist: den Elektrophor peitsche ich mit dem Fuchsschweif, setze alsdenn die Trommel auf den Elektrophor, und über die Trommel die Glasscheibe; erfasse hierauf die Schnüre der Trommel mit einer Hand, erhebe sie nach ihrer Berührung, und streiche mit dem Rücken der Hand über die Glasfläche, ohne die Trommel im geringsten zu berühren.

Dieses Aufheben der berührten Trommel, und dieses Hinstreichen über die Glastafel wiederhole ich etwa zwanzig Male.

Erfasse itzt das Glas an einem Ecke, lege es mit seiner Fläche auf die linke Hand, und

fah-

fahre mit der flachen Rechte schnell gegen die Fläche, welche über sich sieht.

Erfolg. Es erscheint zwischen der flachen Hand und der Glastafel ein ganz eigener Funken, und es wird die elektrische Erschütterung empfunden durch die Arme und die Brust x).

* Nemlich durch die angezeigte Manipulation wird die obere Seite des Glases stark negativ, und die untere stark positiv: es kann also, wenn beide Seiten mit der flachen Hand berührt werden, eine beträchtliche Quantität elektrischer Materie von der untern Fläche in die obere plötzlich übergehen, und also einen elektrischen Schlag hervorbringen (§. 59. II.).

** Die obere Seite bleibt nach der Explosion noch negativ und die untere positiv (§. 60. 2.).

§. 71.

x) Meine neue elektrische Versuche. Salzburg 1786. S. 19 — 20.

§. 71.

Versuche über den Weg des elektrischen Stromes einer Verstärkung.

1. Man binde ein Kettchen an das äußere Beleg der geladenen Flasche; fasse es mit einer Hand in der Mitte, mit der andern am Knopfe, der daran gemacht ist; und spanne sie an; während daß man mit dem Knopfe an das innere Beleg langt.

Man empfindet keinen Stoß, sondern der elektrische Strom geht durch die Kette so, daß er an jedem Ringe der Kette sichtbar wird.

2. Man wiederhole den Versuch, die Kette aber werde nicht angespannt, sondern sie liege straf auf dem Tische.

Der Schlag geht nur zum Theil durch die Kette, aber der Körper dessen, der die Kette hält, wird erschüttert.

3. Man stelle drei Personen so, daß die erste an einen Drat lange, der mit dem äußern Beleg in Verbindung ist, die zweite die erste bei der Hand fasse, und die dritte dieser ihre

andere Hand ergreife, zugleich aber sich mit einem Drat, der zum innern Beleg geht, in Verbindung komme.

Zugleich stelle man 20 Personen, die Hand in Hand haben, so, daß die erste mit der ersten des übrigen Kreises, und die letzte mit der letzten Gemeinschaft habe. Itzt erfasse eine Person, die nicht im Kreise steht, den Drat, der zur innern Ladung geht, und fahre gegen den Knopf der Ladung.

Es erfolgt die Explosion, aber nur die Personen des kleinern Kreises empfinden die Erschütterung — wenn die Ladung nicht stark gewesen.

4. Man winde einen Drat, der an das äussere Beleg angemacht ist, um die Arme, den Leib, die Hände — erfasse nun das äussere Beleg mit einer Hand, und nähere den Knopf, der an den langen Drat angemacht ist, der geladenen Flasche.

Es erfolgt ein Funken, der den langen Drat verfolgt, und die Person unbeschädigt läßt.

5. Lädt man eine Flasche ziemlich stark, und formirt mit mehreren Personen mehrere Kreise, deren jeder grösser als der andere ist, und haben die ersten dieser Kreise einen nemlichen Ring in der Hand, der zum äußern; die letzten einen Ring, der zum innern Beleg geht; und rührt dann eine Person, die nicht im Kreise steht, mit einem Drat, der an den letztern Ring angemacht ist, den Conductor an —

So empfinden alle den elektrischen Schlag, die Personen des ersten Kreises am stärksten, jene des letzten am schwächsten.

Folgesätze.

I. Der elektrische Strom einer Verstärkung geht den Weg, worauf er die geringsten Hindernisse findet (1.). — In der strafen Kette berühren sich die Ringe nicht genau; es liegt zwischen jedem eine nichtleitende Luft: da findet denn der elektrische Strom im Durchgange durch die Kette zu grosse Hinderniß, und theilt sich deßwegen durch den menschlichen Körper (2.).

II. Unter gleichen Umständen geht der elektrische Strom den kürzern Weg (3.). — Es läßt sich daher z. B. im menschlichen Körper

der

der Weg allemal vorherbestimmen, den der elektrische Strom gehen muß.

III. Sind die Wege ungleich, so geht der elektrische Strom durch Umwege dem bessern Leiter nach.

IV. Eine starke elektrische Explosion theilet sich in mehrere Aeste, wenn er auf seinem Wege nicht die besten Leiter findet (5.).

§. 72.

Vom Rückschlage.

Bringt man den Leiter (Fig. 8.) mit einer Verstärkung (Fig. 6.) in Verbindung; hängt an dem Conductor ein Metallstängchen A (Fig. 8.) mit einem Knopfe herab, und nähert diesem ein Stativ (Fig. 9.), in dem ein Metallstängchen steckt, an dem bei a ein Knopf angeschraubt, bei m ein Kettchen angemacht, und mit dem Drat n o p q, der auf den Fußboden herabgeht, verbunden ist. — So erscheinen bei der gählingen Entladung der Flasche an den Ringen des Kettchens Funken, und zwischen beiden Knöpfen erscheint auch ein Funken.

Nem-

Nemlich die Kugel a tritt in die positive Wirkungssphäre der Kugel b, und wird negativ elektrisch: wird nun die Verstärkung entladen, so restituirt sich die elektrische Materie in der Kugel a, die etwa von b einen Zoll absteht, im Augenblicke; strömt aus dem Fußbodendrat durch das Kettchen m, wird beim Uebergange von Ringen zu Ringen sichtbar, und springt zum Theile wegen ihrem plötzlichen Heranschießen in die Kugel b über.

* Dieß ist eine Erscheinung ähnlich jener, die Lord Machon den Rückschlag nennet — y).

An=

y) Grundsätze der Elektricität.

Anwendung der Gesetze auf die elektrischen Condensatorn.

§. 73.

Bestimmung.

1. Condensator der Elektricität: Condensator electricitatis, wurde von Volta erfunden, und in des Rozier Journal de Physique 1783 bekannt gemacht z). Es ist ein Werkzeug, welches dienet, die unmerkliche Elektricität merklich zu machen, und die schwache zu verstärken.

2. Der Voltaische Condensator besteht aus zwei Hauptheilen 1. einer schlecht leitenden Platte, etwa z. B. aus überfürnißten Marmor, über eine Rahme gespannten Papier u. s. w. 2. aus einem metallenen Deckel oder Teller,

z) Ueber des Volta Condensator der Elektricität, in der Leipziger Samml. zur Phisik und Naturg. XIII. B.

ler, der an seidenen Schnüren oder an einem gläsernen Handgriff oder an einer Siegellackstange kann aufgehoben werden.

* Statt der **schlechtleitenden Platte** thut jeder Tisch mit Wachsleinwand die herrlichsten Dienste Selbst der **Elektrophor** taugt als Platte, und die **Trommel** als Condensator.

** Bei dem Versuchemachen muß die Trommel im Aufliegen genau der Wachsleinwand anpassen.

§. 74.

Versuche mit dem Condensator des Volta.

I. 1. Liegt der Teller auf dem Tische auf, und man berührt ihn mit einer geladenen Flasche: so nimmt der Teller weit mehr Elektricität auf, als wenn der Teller isolirt in der Luft hangend berührt wird. —

* Die Flasche muß gerade die Ladung haben, daß sie noch Fünklein giebt — bei zu starker Ladung geht der Funken in die Platte über.

2. Berührt man den Deckel mit dem hervorragenden Conductor einer Verstärkungsflasche, nachdem

dem sie entladen worden, und kein Zeichen der Elektricität mehr giebt, so erscheint dennoch an dem erhobenen Deckel ein Funken -- und zwar wiederholtermalen, wenn der Versuch wiederholt wird.

II. 1. Hat man dem Deckel einen Funken gegeben, so erhält er ihn, während er mit dem Tische in Verbindung ist, viel länger, als wenn der Deckel isolirt hängt. —

2. Man darf gar vielmale mit dem Finger oder einem Schlüssel auf den Teller klopfen, ohne ihm dadurch alle seine Elektricität zu entziehen. — Bei jeder Wiederholung dieses Versuches erhält man die nemlichen Erfolge.

§. 75.

Zwei Gesetze also,

die nach Volta's Ausdruck also lauten:

I. Der Condensator hat eine grössere Capacität, und

II. eine grössere Tenacität als ein anderer leitender Körper. —

Vermöge der ersten Eigenschaft nimmt der Condensator weit mehr Elektricität auf, als ein isolirter Deckel. — Vermögs der zweiten Eigenschaft hält er die Elektricität weit fester an sich als ein Teller, der isolirt ist. — Die erste Eigenschaft macht den Condensator eigentlich zum **Mikroelektrometer.**

§. 76.

Erklärung.

Diese Erscheinungen sind in den **Wirkungskreisen** der Elektricität, wie die Erscheinungen der Elektraphore gegründet. Der unterlegte Tisch wird in dem Augenblicke, wo der Deckel durch Mittheilung **positiv** elektrisirt wird, **negativ**: die elektrische Materie der obersten Schichten des Tellers strebt daher gegen den Tisch, und dadurch wird der Deckel **capacer** — **mehrerer Elektricität empfänglich.**

Nach der Elektrisirung strebt die elektrische Materie stärker nach den negativen Plätzen der Platte als nach dem Finger, der ihn berührt; welches macht, daß er **tenacer** ist — den elektrischen Zustand länger behält.

* Verkehrt geschicht alles beim Gebrauche einer negativen Flasche.

** Werden zwei Deckel nebeneinander auf den Tisch gelegt, so dient die Elektricität des ersten zur Verstärkung des zweiten: diesen Apparat nennet Cavallo, überflüßig? mit einem eigenen Namen "doppelter Condensator". Kütret man in Mitte eines Zwölferstückes eine Siegellackstange an, und setzt es neben den Condensator hin, theilt erstens den schwachen Funken dem größern Condensator mit, hernach mit diesem dem kleinen, so kann von diesem die Elektricität wieder in den großen gebracht werden, so stark, daß er kleine Funken giebt.

§. 77.

Von einem Condensator aus Glas.

Apparat. Eine gemeine etwas dünne an den Ecken zugeründete Glasplatte hat unter gewisser Zubereitung das Vermögen

die schwache Elektricität, die in ihr selber ist, in großer Stärke darzustellen,

und

und die unmerkliche merklich zu machen;
und zwar bei der nemlichen Anrichtung +E
und — E zugleich.

Eine also zubereitete Glastafel ist daher eigentlich ein Condensator.

Diese Art Condensator stellt das Spiel der **Wirkungskreise** auf eine neue Weise auffallend dar; bestätigt die **Gesetze derselben** neuerdings, und dient bei seiner **Einfachheit** zu hunderterlei lehrreichen elektrischen Versuchen. Der **Condensator aus Glas** hat vor dem **Voltaischen** darinn etwas vorzügliches, daß die elektrischen Erscheinungen weit **lebhafter** und **dauerhafter** erhalten; die Versuche nicht nur auf **Halbleitern**, sondern auch **Nichtleitern** und **Leitern** angestellt, und die Wirkungen der **positiven** und **negativen** Elektricität zugleich können vorgezeigt werden.

§. 78.

Manipulation.

Man legt die gläserne Platte, die ein Quadrat von einem Schuhe sein mag, über den Deckel eines Elektrophors; bringt hierauf den Deckel

ckel samt der aufgelegten Glasplatte über den frisch geriebenen Harzkuchen; berührt ihn, wie gewöhnlich, und hebt ihn in die Höhe.

Izt fährt man mit der andern Hand gegen das Glas, und streicht mit dem Rücken der Hand über dasselbe hin.

Diese Manipulation wiederholt man fünf — sechsmale.

Nun ist die Glastafel zum Condensator disponirt.

Nemlich der Deckel des Elektrophors wird positiv elektrisirt aufgehoben; die angehäufte elektrische Materie wirkt auf jene des Glases, und stoßt sie ab (§. 25. 26.); sobald die Hand mit dem Glas in Berührung kommt, geht die gegen die oberste Schichte des Glases getriebene elektrische Materie in die Hand über.

Wird auf diese Weise der obersten Glasschichte die elektrische Materie entzogen, negativ: so erhält die unterste eine Mittheilung, wird positiv (§. 59.)

Das Glas wird also bei dieser Operation auf der untern Seite, die auf dem Deckel aufliegt,

liegt, positiv, auf der obern, die über sich sieht, negativ: und also zubereitet ist das Glas ein Condensator.

Diesen Zustand beweiset auch wirklich das Probirinstrument; denn nähert man die vom Deckel abgenommene Glasplatte dem negativen Kork, so stößt ihn die Oberseite, die Unterseite zieht ihn.

Das Glas muß aber schon eine Weile abgenommen sein, um sich also wirksam zu äußern; denn anfangs wird der negative Kork auf beiden Seiten abgestossen, weil die Elektricität der Oberseite (die negative) allemal prävalirt, und durch das Glas wirkt — bis endlich der hohe Grad der Elektricität der Oberseite abnimmt.

* Bei diesem Versuche müssen die Hand und das Glas wohl trocken sein.

** Mein Elektrophor hält dritthalb Schuhe im Durchmesser. Der Versuch gelingt aber auch auf kleinern Elektrophoren, nur muß dann die Manipulation mit Aufsetzen des Deckels und Anrührung des Glases öfter wiederholt werden.

*** Um die obere Fläche zu unterscheiden, bezeichnete ich sie mit wenig Siegellack.

§. 79.

Versuche mit dem Condensator aus Glas.

Nachdem die Glastafel auf die Art, wie ich vorher sagte, zubereitet — durch Aufsetzen auf den Elektrophordeckel, Wiedererheben und dann Berühren desselben elektrisirt worden. — Nachdem man sie abgenommen, und einige Minuten lang in der Luft gehalten, oder irgendwohin gestellt hat, so lange, bis die obere Seite den negativen Kork gerade merklich abgestossen und die untere noch merklich angezogen hat; so legt man sie auf einen flachen

leitenden,
oder nicht
oder schlechtleitenden

Körper, z. B. auf den Tisch nieder, daß die untere positive Seite aufliegt, und mithin die negative oben ist. — Izt berührt man das Glas an seiner ganzen Oberfläche, weil es ein Nichtleiten ist, d. i. man streicht mit dem Rücken der Hand ganz sanft über die negative Oberfläche hin, hebt sie dann auf, und untersucht

die Art
und Stärke der Elektricität.

Er-

Erfolg. Die Glastafel hat bei dieser Zubereitung eine solche Capacität die elektrische Materie aufzunehmen, daß während dem Hinstreichen mit der Hand der Uebergang der elektrischen Materie unter lautem Knistern und einem sanften Stechen in der Hand wahrgenommen wird.

Die Glastafel von der Fläche aufgehoben, spritzt die elektrische Materie durch alle Ecken aus — wird ein Knöchel der Hand dem Glase angenähert, so erscheint schon in einer Entfernung eines Zolles ein elektrisches Lichtknötchen.

Ein Deckel auf diese Glastafel gesetzt, giebt viele Funken, deren erstere beträchtlich groß sind.

§. 80.

Weitere Versuche mit dem Glascondensator.

Sind die großen Zeichen der positiven Elektricität an dem Glase verschwunden, und äußern sie sich noch durch schwaches Anziehen der elektrischen Materie, so legt man das Glas umgewandt, mit verkehrter Seite, auf den Tisch, so daß die bezeichnete unmittelbar aufliegt, und die andere (die positive) oben ist.

Nun

Nun berührt man abermal diese Fläche — d. i. man fährt mit gelindem Aufdrucken des Rückens der trockenen Hand darüber hin.

Die Glastafel besitzt nun eine so große Capacität, die elektrische Materie herzugeben, daß die Tafel aufgehoben, von den Ecken

die elektrische Materie unter einem Geräusch sichtbar einzieht, und am angenäherten Knöchel ein straligt zollanges Licht darstellt; den Kork in einer Schuhe weiten Entfernung stößt; und durch den aufgesetzten Deckel positive Funken giebt.

* Wird das Glas — nachdem beinahe alle Spuren der Elektricität verschwunden, niedergelegt, und der Tisch in seine Wirkungssphäre gebracht, so kommt die vorige Capacität zurück, und das Glas kann bei Versuchen, die man nach gegebener Vorschrift wiederholt, unzähligemale

nach scheinbar erloschener Elektricität,

in einen so hohen elektrischen Zustand versetzt werden, daß er unter ähnlichen Umständen nicht leicht ein Beispiel hat.

§. 81.

Weitere Versuche.

1. Wird das Glas, nachdem es auf die vorigen Weisen behandelt — mit der Hand

entweder auf der positiven

oder negativen Seite

berührt worden, in die Luft gehoben, so sind nach einer Minute die grossen Zeichen der Elektricität verschwunden.

2. Bleibt aber das Glas auf dem Tische liegen

mehrere Minuten,

Viertelstunden lang,

eine ganze Winternacht über;

so giebt das Glas von dem Tische aufgehoben noch sehr starke Zeichen der Elektricität. —

Sehen wir, so groß ist dieses Condensators Capacität!

---

§. 82.

Weitere Versuche mit dem Condensator aus Glase.

1. Legt man die Glasplatte gleich nach der Elektrisirung nach §. 78. auf den Tisch, und setzt einen Deckel auf die negative Seite; so erhält man 20 — 30male, und noch öfter nacheinander Funken = + E, die anfangs groß und stechend sind.

2. Wendet man das Glas um, so kostet es einige Mühe, das Glas vom Tische wegzunehmen, so fest hängt es an; — losgemacht giebt es Funken an allen Orten.

3. Wird izt auf die umgewandte Seite der Deckel aufgesetzt, so erhält man abermal

Funken — aber = — E. —

4. Wo doch das Glas, da es in der Luft frei war, mithin vor dem Niederlegen desselben auf den Tisch weder auf der einen, noch der andern Seite an den Deckel Funken abgegeben. — — —

5. Wird das Glas vom Tische nur Eine Minute weggehoben, so ist alle Wirkung der

Elektricität dahin — da sie doch überaus lange andauert, wenn das Glas auf dem Tische liegen bleibt.

Nemlich das Glas besitzt Capacität (1. 2. 3. 4.) und Tenacität (5.) — Und obendrein beidet Elektricitäten (1. 3.) und im ungewöhnlich hohen Grade (1. 2. 3.).

* Wird die Glasplatte nach §. 78. recht stark elektrisirt; so wird die Glasplatte auf eine Fläche gelegt ein förmlicher Condensator perpetuus: ich erhalte Funken halb Zolle lang — ohne Ende: ich lade damit eine Verstärkung: zünde warmen Weingeist an u. s. w. Und zwar mit positiver und negativer Elektricität — gleich nacheinander ohne weitere Disposition des Glases.

** Die Versuche gelingen gerade so, wenn die Manipulation mit der Verstärkungsflasche vorgenommen worden nach der Weise, die wir oben bei dem Voltaischen Condensator beschrieben.

§. 83.

§. 83.

Der Nutzen der Condensatorn

erscheint schon daraus, daß sie die **Lehre von den Wirkungskreisen** befestigen, und über die **Thätigkeit** der Elektricität großen Aufschluß geben.

Man bediente sich des **Voltaischen Condensators**, nicht nur die geringen Grade der Elektricität in unsern Zimmern, sondern auch der **Atmosphäre** zu erforschen: und man rühmt sich in London, vermittels dieses Werkzeuges gefunden zu haben, daß

Verbrennung der Kohlen,

Entbindung brennbarer, fixer, salpeterartiger Luft rc.

die Ausdünstung des Wassers u. s. w.

Spuren der **negativen Elektricität** hinterlassen.

Cavallo meldet von sehr merklichen Zeichen der Elektricität, die er aus seinem eigenen Körper, und aus den Haupthaaren vieler anderer Personen durch einen kleinen Condensator erhalten. u. s. w.

Allein

Allein die Resultate derlei Versuche sind immer einigen Zweifeln unterworfen.

Dieß bemerkten einige der scharfsinnigsten Naturforschern, und sannen auf Werkzeuge, die bei Untersuchung der schwachen oder unmerklichen Elektricität

der Atmosphäre,

der Ausdünstung,

und verschiedenen Auflösungen, u. d. gl.

gewissere Erfolge liefern.

Hieher gehören das Flaschenelektrometer mit zwei Streifen aus Blattgold von **Bennet** und dessen **Elektricitäts-Verdoppler**: und **Cavallo's Collector Sammler der Elektricität**: von jedem soviel, als die Absicht dieser Schrift fodert.

Atm=

Anwendung der Gesetze auf den Elektricitätsverdoppler.

§. 84.
Apparat.

Ich machte mir drei Scheibchen aus Pappendeckel zurecht Fig. 22. Taf. II., A, B, und C; jede hat vier Zolle im Durchmesser, und jede ist mit Silberpapier überzogen: die erste Scheibe A ist an einem Stoppel mit Siegellack angekittet, und mittels diesem in eine gläserne Karavine D eingesetzt, mithin auch isolirt: die obere Seite dieses Scheibchens ist dünn überfirnißt.

Die zweite Scheibe B hat auf beiden Seiten einen dünnen Ueberzug von Lackfirniß, und an der Seite ein dünnes Glasröhrlein eingemacht.

Die dritte Platte C ist an der untern Seite überfirnißt, und oberhalb befindet sich in dessen Mitte ein Siegellackstängchen angeschmolzen.

§. 85.

Gebrauch dieses Apparats.

Die Scheibe mit dem Handgrif an der Seite wird auf jene, die auf der Karavine sitzt und unbeweglich ist, aufgesetzt.

Der Körper, dessen Elektricität erforscht wird, und unmerklich ist, wird an den untern Theil der unbeweglichen Scheibe A gebracht, zu gleicher Zeit wird die Scheibe B berührt: alsdann wird der Körper, dessen Elektricität gesucht wird, weggelegt, und der Finger von der Scheibe B auch entfernt.

Izt wird die dritte Scheibe C mit dem vertikalen Handgrif auf die zweite Scheibe B gebracht: beide zusammen B und C werden von A weggenommen; und izt wird die obere Seite der Scheibe C berührt.

Beide Scheiben B und C werden nun wieder auf A niedergelassen: die Scheibe C wird aufgehoben, und ihre Elektricität an den untern Theil der Scheibe A gebracht, während daß zu gleicher Zeit die Schelbe B mit dem Finger berührt wird. Hierauf wird dann die Manipulation wieder von vornen angefangen. —

Es

Es wird nemlich C wieder auf B gesetzt, beide werden aufgehoben, C wird mit dem Finger berührt; beide werden wieder niedergesetzt auf A; C wird weggenommen, und seine Elektricität wieder an die untere Seite von A gebracht.

Wird auf solche Weise sieben- bis achtmal fortgefahren; so äußert sich die vorher ganz unmerkliche Elektricität dadurch,

daß die Goldblättchen im Flaschenelektrometer weit auseinander gehen,

und oft wohl gar Fünkchen unter Licht und Knistern erscheinen.

I. Es ist also der beschriebene Apparat ein Werkzeug, eine kleine und sonst nicht bemerkbare Quantität der Elektricität zu vervielfachen, bis sie hinreichend wird, ein Elektrometer zu afficiren, leichte Körperchen zu ziehen, zu stossen, und Funken zu geben.

---

§. 86.

§. 86.

Theorie des Verdopplers.

Die Ueberfürnißirung macht, daß die Metallstheilchen nicht zur Berührung kommen, und mithin die Scheibchen an den Flächen, woran sie sich berühren, schlechte Leiter sind.

Wird die Scheibe B über A gesetzt, so ist der Apparat eigentlich ein Condensator (§. 73.); die untere Seite von A wird der Elektricität capacer, wenn aus B die elektr. Materie durch den Finger, der sie berührt, abfliessen kann: es wird also die Elektricität eines unmerklich elektrisirten Körpers in der Scheibe A schon etwas merklich:

Diese in die Scheibe A getretene elektrische Materie wirkt auf jene in B, stößt dieselbe fort in den Finger; und bringt sie verhältnißmäßig in den negativen Zustand.

Wird itzt die Scheibe C auf B gesetzt, und werden beide in die Höhe gehoben: so befindet sich der Scheibe C in der negativen Wirkungssphäre die Scheibe B: es geht also in der Scheibe C gerade jene Aenderung vor, welche vorgeht

geht im Teller, den man auf den negativen Elektrophor setzt: die Scheibe C wird nach der Berührung mit entgegengesetzter d. i. mit **positiver** Elektricität versehen.

Wird nun diese positive Elektricität wieder an den untern Theil gebracht, und der Versuch wiederholt, so ist es einleuchtend, daß auf solche Weise die Elektricität, die **unmerklich** war, **merkbar** werden müsse. —

Es erhellet aber auch, daß die große Elektricität von der kleinen nicht als von ihrer eigentlichen Ursache erzeugt worden; sonst hätten wir eine Wirkung, die größer wäre, als ihre Ursache, das doch nicht wohl sein kann.

Die geringere Elektricität ist mir die nöthige Bedingung — der Saamen zur Aernte. . . .

* **Cavallo** schlägt eine Verbesserung dieses Werkzeuges vor a), bei der sich die Flächen gar nicht berühren, aus dem Grunde, weil leicht durch Reiben der Platten eine Elektricität entstehen, und sich mit der mitgetheilten vermi-

schen

a) Journal der Phisik, erst. B. erstes Heft. S. 56.

schen könnte. Diese Besorgniß ist nicht ganz überflüssig, wie wir nachher aus Versuchen sehen werden. — Der **Verdoppler des Cavallo** beruhet auf die vorher angegebenen Grundsätze. Ich füge nur bei, daß ich bei gehöriger Sorgfalt mich des **Bennetischen Verdopplers** sehr glücklich bei meinen Versuchen bedient habe.

** Die Versuche mit dem Verdoppler fodern unentbehrlich einen **höchst empfindlichen Elektricitätszeiger**, ein eigentliches Mikro-Elektroskop: ich beschreibe jenes, welches ich nur von einem gemeinen Drechsler hier verfertigen lassen.

§. 87.

Von einem Mikro-Elektroskop.

Ein Cilinder A Fig. 23. Taf. II. aus weissem Glase, das dritthalb Zolle im Durchmesser hat, $6\frac{1}{2}$ Zoll hoch ist, sitzt auf einem Gestelle B so auf, daß das Glas zwischen dem Holz eingesenkt, und durch eine Lederfütterung fest ist. Oberhalb schließt den Cilinder ein Deckel, durch dessen Mitte ein Glasröhrlein a b′ geht.

Eben dieses Glasröhrlein geht zwei Zolle über den Deckel hervor, und reicht zwei Zolle tief in den Cilinder hinein.

Der Drat b geht innerhalb der Röhre zwei Zolle hervor, und ist an seinem Ende, das spizzig zugeht, breit geklopft. — Oberhalb ist an dem Drat ein küpferner gestutzter aber wohl zugerundeter Conus *) angemacht, und mit einer Schraubenmutter versehen, um Spitzen, gebogene Dräte u. s. w. aufzunehmen. An dem untern Ende des Drates sind zwei Streifchen von Blattgold, die etwa zwei Linien breit und anderthalb Zolle lang sind, angemacht **). Endlich sind an der Seite c und d noch ein Paar Streifchen aus Stanniol angeleimt; diese stehen den breiten Seiten der Goldblättchen gegen über, gehen $3\frac{1}{4}$ Zolle in dem Glase hinauf, und rühren am Rande des Glases an eine andere Stanniolstreife, die durch die Mitte des Fußgestells durchgeführt wird, und am Boden desselben angeleimt ist, um die elektrische Materie ab- oder zuzuführen, wenn die elektrisirten Blättchen an die Streifen anschlagen.

*) Die

*) Die Kugeln kann mein Künstler nicht so leicht machen: deshalb wählte ich die Conusgestalt — mit gleich gutem Erfolge.

**) Die Goldblättchen sind mühsam anzumachen: ich lege ein ganzes Goldblatt zwischen sauberes Papier, und schneide auf solche Weise nach Belieben die Streifen, befeuchte dann das breitere Ende des Drates mit Speichel, und arbeite mit großer Geduld die zwei Blättchen also hin, daß sie hübsch parallel hangen und gleich lang sind.

* H. Pfarrer **Bohnenberger**, wird nach dem Bericht meines Freundes **Seiferheld**, eine Verbesserung des Bennetischen Flaschenelektrometers liefern: er setzt an die Stelle der Streifen, welche an dem Glase kleben, mit Stanniol überzogene Stäbchen, und wählt eine weite Glocke, vermuthlich aus Besorgniß, das Glas dürfte leicht durch Reiben, Abwischen u. s. w. elektrisirt und die Elektricität den Goldblättchen mitgetheilt werden.

** Wird ein Drat, der an beiden Enden zugespitzt ist, so gebogen, wie es die Fig. 24. darstellt; alsdenn in das Glas eines Apothe-

cker-

ckerglässleins hineingedrängt, und oberhalb bei a ein Paar Goldstreifchen angemacht, so ist man mit einem sehr empfindlichen, höchst wohlfeilen, Elektricitätszeiger versehen. — Diesen gab ich meinen Schülern an, unter denen die fleißigsten gemeiniglich arm sind.

*** Cavallo hängt im Flaschenelektrometer Korkkügelchen von sehr feinen Silberfäden: dieser Elektricitätszeiger ist nicht so empfindlich wie jenes mit Goldblättchen; aber in manchen Fällen sind die Antworten desselben unzweideutiger. — In der elektrischen Instrumentenlehre hievon ausführlicher.

§. 88.

Meine Versuche mit dem Verdoppler und dem Mikro-Elektroskop.

1. Versuch. Ich berührte mit dem Knopf eines Verstärkungsfläschchen, den ich vorher berührt, und bei dessen Annäherung zum Mikro-Elektroskop kaum eine Spur von Elektricität wahrgenommen hatte, den untern Theil A des Verdopplers (Fig. 22. Taf. II.); und manipulirte weiter nach §. 85.

Ich

Ich erhielt gar bald sichtbare und hörbare Fünkchen sowohl an der Scheibe C als A, da ich die untere Seite von A mit dem Scheibchen C und das Scheibchen C mit dem Finger berührte.

2. **Versuch.** Ich setzte über einen isolirten Elektrophordeckel, der eilf Zolle im Durchschnitt hält, aus Papp gemacht, und mit Silberpapier überzogen ist, ein metallenes Gefäßlein; in dieses goß ich Weingeist, und zündete ihn an.

Nachdem der Weingeist verbronnen war, näherte ich den Elektrophordeckel mittels des isolirenden Handgriffes dem untern Theile des Scheibchens A bis zur Berührung . . . manipulirte eine Weile nach §. 85., und brachte dann das Scheibchen C an die Spitze m n:

Alsobald giengen die Blättchen auseinander und waren, nach §. 29. erforscht, negativ elektrisch.

3. **Versuch.** Ich hieng an einen Seidenfaden ein anderthalb Schuhe langes Eisenstängchen, das unten und oben in einen Ring gebogen war, auf; faßte den seidenen Faden in eine, eine Glasplatte in die andere Hand, und machte mit dem Eisenstängchen solche Bewe-

angen, daß es auf der Glasplatte 30—40mal aufstieß.

Hierauf näherte ich das Stängchen der Spize des Elektroskops, daß es an diese rührte, und die Blättchen giengen sehr merklich auseinander; sie waren nach der Methode §. 29. erforscht negativ elektrisirt: wird endlich eine geriebene Glasröhre in einer Entfernung von 2—4 Schuhen angenähert, so fallen die Goldblättchen zusammen — gehen wieder auseinander sobald die Glasröhre entfernt wird — bei Annäherung einer Siegellackstange, noch weiter auseinander (§. 29. I.).

4. **Versuch.** Ich machte auf ein silbern Kopfstück eine Siegellackstange fest, rieb dieses dann etlichemale an meinem Kleide hin und her, und näherte das Kopfstück der Spize mn:

Die Goldblättchen giengen auseinander, und waren negativ elektrisch.

5. **Versuch.** Ich stellte den Elektrophordeckel mit einigem Anstoße auf ein Zuckerglas — etliche Male:

Und der Elektrophordeckel war negativ elektrisirt.

6. Versuch. Ich streifte an dem Elektrophordeckel, während daß ich ihn mit den seidenen Schnüren isolirt hielt, mit meinen Kleidern blos ein wenig an: und

der Elektrophordeckel war negativ elektrisirt.

7. Versuch. Man wische den Elektrophordeckel, während daß man ihn an einem isolirenden Handgriff hält, mit einem seidenen Tuche ab:

Der Elektrophordeckel ist positiv elektrisch.

8. Versuch. Ich stellte mich auf die Insel, und zog mein Unterleiblein vom Leibe, und warf es von mir:

Ich fand am Mikro-Elektroskop, daß ich negativ elektrisirt war.

9. Versuch. Ich riß schnell mein Halstuch aus Seiden vom Halse; und

ich war positiv elektrisch.

10. Versuch. Ich stellte mich auf mein Isolatorium (Fig. 4. Taf. I.) und ließ mir von einer Person, die auf dem Boden stand, die Haare kämmen.

Mit jedem Zuge des Kammes durch die Haare giengen die Goldblättchen — mit positiver Elektricität weiter auseinander u. s. w.

Seaussure hat mit einem empfindlichen Elektrometer, das er selbst verfertigte, am erhitzten Menschen Spuren der Elektricität wahrgenommen. Hr. Pf. Bohnenberger elektrisirte eine metallene Scheibe, die er über das Bennetische Elektrometer hielt, mit dem Sand, und geraspelten Messing aus der Streubüchse. Ich stellte einen Elektrophordeckel über ein Zuckerglas, und ließ aus einer Streubüchse auf dieselbe Feilspäne aus Stahl herabfallen; als ich hierauf den Deckel an die Spitze m n brachte, giengen die Blättchen mit negativer Elektricität auseinander. Pr. Boeckmann zu Karlsruhe setzte einen erhitzten kleinen Kegel auf den Elektrophordeckel, sprizte Wasser darauf, daß er abdampfte: und die Elektricität des Deckels äußerte sich an den Goldblättchen negativ. — Eben Hr. **Bockmann** erhielt aus Auflösungen, Effervescenzen fast immer Zeichen der Elektricität, wenn er auf den Elektrophordeckel ein überfirnißtes erdenes Schüsselchen brachte, darein Kreide that, und darauf Vitriolsäure schüttete; oder Metalle und Scheidwasser mischte ... Merkwürdig ist, daß die vorhandene Elektricität in freier Luft gewöhnlich positiv, im Zimmer negativ befunden worden b). Prof. **Tralles** in Bern fand den **Wasserstaub** des Staubbaches bei Lauterbrunn, und beim Wasserfalle des Reichenbachs in Haslithal mittelst eines Saussurischen Elektrometers elektrisch — E c).

** Ich ziehe aus angführten Erfahrungen keine Schlüße; sie würden mich zu weit führen; ich füge nur bei,

1. daß die höchste Genauigkeit bei Versuchen dieser Art müsse angewandt werden, um nicht eine erregte Elektricität

b) Journal der Phisik III. Heft. S. 383.
c) Journal der Phisik II. Heft. S. 216.

tät durch Reibung des Tellers oder durch Anstoß an denselben, für eine mitgetheilte zu halten.

2. Daß es wohl wahr sein müsse, was ich oben §. 14. ** geschlossen, es seien alle Körper in der Welt ganz oder zum Theile fast immer elektrisch —

3. Da alles in der Welt durch Bewegung geschieht, und diese so schnell die Elektricität, obschon ohne Werkzeuge unmerklich, in Thätigkeit setzet, so muß wohl die Elektricität in der Natur eine große Rolle spielen: und

4. welch ein weites Feld ist den fleißigen Naturforschern zu neuen Entdeckungen eröfnet! —

§. 89.

Der Collector des Cavallo.

Ist ein Werkzeug, das dazu dienet, daß die sich langsam erzeugende oder unmerkbar vorhandene Elektricität sammelt, und in der

der

der Verbindung mit dem Elektricitätszeiger das Dasein derselben, und ihre Beschaffenheit anzeiget.

Dieses Werkzeug soll nach des Erfinders Ausdruck allen Mängeln, die Voltas Condensator und Bennets Verdoppler haben, abhelfen d).

Das Instrument ist sehr zusammengesetzt, und eigentlich ein sehr künstlicher Condensator, mit dem ein Elektricitätszeiger stäts verbunden ist. Die Erscheinungen haben daher mit dem Condensator einerlei Grundsätze.

Das Weitere also in der Instrumentenlehre; besonders, da die Unentbehrlichkeit dieses Werkzeuges und die völlige Mangellosigkeit noch nicht entschieden ist.

d) Journal der Phis. II. Heft S. 275.

Anwendung der Gesetze auf die natürliche Elektricität.

§. 90.

Was, und wo sie ist.

Die natürliche Elektricität ist diejenige, welche ohne Zuthun der Menschenhände entsteht: dahin rechne ich

1. die Elektricität des Turmalins und anderer Edelsteine.

2. Die Elektricität gewisser Fische,

3. und die Elektricität der Atmosphäre.

§. 91.

Elektricität des Turmalins.

Der Turmalin ist ein Edelstein von dunkelbrauner Farbe, hat sein Vaterland eigentlich in Ceila — nach neuer Entdeckung auch im Tirol — heißt sonst Aschenzieher, Aschentrecker rc.

1. Er hat die besondere Eigenschaft, daß er durch eine Erhitzung, und zwar am stärksten im siedenden Wasser elektrisirt wird.

2. Wilke hat Licht daran gesehen, und knisternde Funken an demselben hervorgebracht. (Schwed. Abh. 30. B.).

3. Er wird vom Glase angezogen, aber nicht abgestossen.

4. Zwei Stücke Turmalin ziehen einander an, aber stossen einander nicht ab.

5. Die beiden Seiten des Steines äußern eine andere, eine sich entgegengesezte Elektricität u. s. w.

6. Die nemlichen Erscheinungen erfährt man auch an vielen andern Edelsteinen.

---

§. 92.

§. 92.

Der Grund dieser Erscheinungen

liegt freilich tiefer, als daß man ihn mit einiger Zuverläßigkeit angeben könnte.

Indeß enthalten die Erscheinungen nichts Widersprechendes mit unserer Theorie.

Wir sagten, daß nicht jede Bewegung und Reibung fähig sei, die Elektricität im merklichen Grade zu erregen (§. 14.).

Nun mag beim Turmalin eben die Bewegung, welche das warme Wasser in ihm hervorbringt, die bestimmte Bewegung sein, welche geschickt ist, die Elektricität rege zu machen.

Es kann nach dem besondern Bau dieses Edelsteines geschehen, daß 1. die Elektricität aus seinen eignen Theilen an einem Ende angehäuft — und deßhalb am andern Ende erschöpft werde. — Daß 2. dieser Edelstein nach Art aller Nichtleiter seinen Zustand nicht so leicht wieder abändern lasse.

Da müssen denn am Turmalin zwei Pole entstehen — deren einer einen leichten, elektrisirten Körper stößt, der andere anzieht —.

Zwei

Zwei Turmaline müssen sich anziehen, ohne einander wieder abzustossen — denn das positive Ende hängt sich an das negative.

Glas kann den Turmalin anziehen, ohne ihn wieder abzustossen — weil sein Zustand nicht leicht zu verändern ist. — Aehnliche Erklärung mag man von den ähnlichen Erscheinungen anderer Edelsteine angeben.

§. 93.

Elektricität gewisser Fische.

Wir kennen vier Arten von Fischen, welche die elektrische Erschütterung geben, 1. den Krampffisch, 2. den Surinamischen Zitteraal, 3. den Trembleur (Silurus glanis) und 4. jenen, den Paterson entdeckt hat, und unter das Geschlecht des Tetrodon gerechnet wird e): von den ersten zweien etwas ausführlicher.

§. 94.

Der Krampffisch (Raja torpedo)

ist eine Rochenart, vornemlich im mittelländischen Meere zu Hause.

Er

e) Magazin für das Neueste ꝛc. VI. B. 2. St.

Er hat an beiden Seiten seines Körpers besondere sechseckigte Prismen von Fleischfasern liegen, durch welche er jedem, der ihn am Rücken und Bauch zugleich berührt, gewaltig erschüttern, und in ihm die Empfindung des elektrischen Stosses hervorbringen kann.

Es läßt sich deßhalb nicht zweifeln, daß die obere und untere Seite des Krampffisches eine entgegengesetzte Elektricität haben, die sich bei der Berührung beider Seiten plötzlich, wie eine elektrische Flasche ausladet, und eine elektrische Explosion hervorbringt.

Walsch (Valsch) soll 1776 auch ein elektrisches Licht daran wahrgenommen haben.

§. 95.

Zitteraal (Gymnotus electricus)

ist ein Fisch aus Surinam, besitzt eine Elektricität, die noch stärker, als jene des Krampffisches ist.

1. Er erschüttert im Wasser alle Personen, die sich ihm nähern. —

2. Die Fische tödtet er wohl gar.

3. Die

3. Die Erschütterung ist stärker, wenn er sich im Wasser schnell bewegt — oder wenn er mit dem Schwanz schlägt. —

4. Am stärksten ist die Erschütterung, wenn man ihn mit einem Eisen berührt. —

5. Der Schlag reicht im Wasser auf 15 Fuß.

6. Berührt man den Fisch mit Siegellack, so erfolgt kein Schlag.

§. 96.

Vermutheter Grund dieser Erscheinungen.

Ueber die Ursache der Erscheinungen hat man nach zwei tausend Jahren erst einigen Aufschluß durch die genauern Beobachtungen des **Lorenzini**, des **Reaumur's**, des **Walsch** und **Hunters** erhalten.

Nemlich nach den angeführten Erfahrungen läßt sich nicht mehr zweifeln, diese Fischarten seien **von der Natur gebaute elektrische Maschinen**.

Lorenzini hatte 1678 das Werkzeug der elektrischen Kraft des Krampfsisches untersucht; er fand es in einem paar sichelförmigen und zugleich fasrichten Körpern (fibræ motrices), welche

welche sich zusammenziehen, und augenblicklich wieder losschnellen f) —.

Hunter stellte ebenfalls eine sehr fleissige Zergliederung des Krampffisches an — und seine Entdeckungen kommen mit den Beobachtungen des Lorenzini ganz überein. Das elektrische Werkzeug desselben ist zweifach, und geht vom Kopfe bis zur Brust herunter; eines liegt an der Seite des Rückens, das andere an der Seite des Bauches. Das sonderbare Gewebe dieser Werkzeuge besteht aus so vielen Nerven, daß keines von den vollkommensten Thieren, nach Verhältniß ihrer Grösse, an irgend einem Theile so viele besitzet.

Mittels dieser Nerven kann dann das Thier durch schnelle und starke Bewegung die Elektricität nach Gefallen erregen, und nach seinem Gutdünken entladen.

Nur werden bei jeder Loslassung die Schläge schwächer; — natürlich, weil die erschöpften Theile, wie andere Säfte, eine Wiederergänzung fodern g).

Au-

f) Linne's Natursistem von Statius Miller übers. III. Th. S. 250.

g) Bonnet's Betracht. über die Natur. Leipzig 1783. 1. B. S. 200.

Anwendung der Gesetze auf die Untersuchung der atmosphärischen Elektricität.

§. 97.

Die Elektricität ist während einem Gewitter in der Atmosphäre wirklich.

Die Aehnlichkeit der elektrischen Funken mit dem Blitze, und des elektrischen Schlages mit dem Wetterstral hatte schon frühe die aufmerksamen Naturforscher auf die Vermuthung gebracht, daß in der Atmosphäre die Elektricität zu Hause sei.

Aber erst im Jahre 1752 gelang es dem Dr. Franklin die Wirklichkeit der Elektricität in dem Luftkreise, während daß Gewitterwolken in der Luft hiengen, durch Versuche positiv zu beweisen.

Das bekannte Spielwerk der Knaben — der fliegende Drache, draco volans papiraceus, diente dem scharfsinnigen Franklin als Mittel, die

die unverkenntlichsten Spuren der Elektricität durch einen leichten angemachten Leiter aus der höhern Luftregion herabzuholen.

Bald darauf setzte Franklin eine isolirte Stange auf sein Haus, und machte Glöcklein daran, daß sie ihm durch ihr Geklingel die Elektricität der Atmosphäre anzeigten; den 12ten April 1753 fand er durch diese Anrichtung die atmosphärische Elektricität das erstemal negativ.

Hernach gab H. de Romas dem Versuche, die Luftelektricität durch einen in die Höhe gelassenen Drachen zu erforschen, ohne vom Versuche Franklins Nachricht zu haben, eine weit bequemere und zweckmässigere Einrichtung. Er erhielt am 7ten Junius 1753 Nachmittags um 1 Uhr aus dem mit einem 550 Fuß von der Erde erhobenen Drachen verbundenen Conductor Funken, die man auf 200 Schritte hören konnte; er fühlte in einer Entfernung von 3 Schuhen das bekannte Gefühl in dem Gesichte — vom Boden stiegen gegen den 3 Fuß fernen Conductor Strohhalme, die aufrecht standen und auf und ab hüpften — es verstärkte sich dieser hohe Grad von Elektricität, als es zu regnen anfieng noch mehr, so, daß drei Explosionen folgten, deren

Feuer-

Feuerstral 8 Zoll lang und 5 Linien dick gewesen und deren Laut bis mitten in die Stadt vernommen worden. Man spürte einen Phosphorgeruch, und rings um die Schnur zeigte sich, obschon es Tag war, ein Lichtcilinder von 3 bis 4 Zoll Durchmesser. — Bei einem andern Versuche am 16ten August 1757 waren die Feuerstralen, welche aus der Schnur des Drachens gegen einen nahen Leiter fuhren, 10 Fuß lang und 1 Zoll dick, und ihr Knall glich dem Knalle eines Pistolenschusses h).

Das Dasein der elektrischen Materie in der Luft bemerkte der unvergeßliche **Professor Richmann** an der an seinem Hause gemachten Anrichtung, und besiegelte dieselbe den 6ten Aug. 1753 mit seinem Tode.

Beccaria bestätigte 1758 durch ähnliche Versuche mit dem Drachen das Dasein der Elektricität im Luftkreise durch eine sinnreiche aber kostbare Anrichtung.

Cavallo wiederholte die Versuche 1775 und 1776, und machte eine Reihe von Versuchen mit dem elektrischen Drachen.

Nach

---

h) Phisik. Wörterb. von Gehler ꝛc. Art. Drache. Leipzig 1787.

Nach Entdeckung der Luftballone sind statt der Drachen von Abt **Bertholon** in Montpellier und H. **Lichtenberg** in Göttingen die Aerostaten zur Untersuchung der atmosphärischen Elektricität gebraucht worden.

§. 98.

Dasein der Elektricität in der Atmosphäre außer der Zeit der Gewitter.

Bald nach dem Versuche des Dr. **Franklins** fand le **Monnier** zuerst durch seine zu St. Germain en Laye angestellte Versuche die Luft auch **außer der Zeit der Gewitter elektrisch**:

Dalibard, Delor, Abt Mazeas und **Kinnersley** machten auf ähnliche Weise ähnliche Entdeckungen.

Beccaria stellte viele Jahre lang die genauesten Beobachtungen über die Elektricität der Luft zu Turin an — dem hierauf **Ronaine** in Irland, und **Henlei** und **Cavallo** in England gefolgt sind.

Es wurden die Versuche nachher mit gleichem Erfolge angestellt von H. Achard in Berlin, von Seaussure auf dem Col du Geant i), von Prof. Rohlreif in Petersburg u. a. m.

* Die Naturforscher bedienten sich zu ihren Versuchen verschiedener Anstalten und Werkzeuge, die unter dem Namen der Elektricitätszeiger, Exploratorn, Luftelektrometer u. s. w. bekannt sind.

** Die Anrichtungen sind nicht nur unbeweglich, wie etwa jene des H. Pr. Rohlreifs k), und wie jene *), die ich in meinem hoch gelegenen Gärtchen zu Demingen aufgestellt habe, sondern es giebt deren bewegliche: hieher gehören das tragbare Elektrometer des H. Achards, das portative des H. Cavallo's u. s. w. Macht man über den Elektricitätszeiger (Mikro-Elektroskop), den ich oben (§. 87.) beschrieben, einen Hut von dünnem Blече, versieht das Werkzeug mit einer langen Spitze, und schraubt es auf einen

---

i) Journal der Phisik. III. Heft.

k) Journal der Phisik. III. Heft.

einen Stock, so dient es auch als Explorator der atmosphärischen Elektricität.

*) Ich ließ eine Säule von Eichenholz 42 Schuhe hoch errichten, zuoberst eine gegossene Glassäule $2\frac{1}{2}$ Zoll Durchmesser einkütten, darüber eine 4 Schuhe lange eiserne Spitze machen, welche durch eine Haube, an der ein Hut, der das Glas decket, am Glase fest ist. Vom Hute, der aus Eisenblech ist, geht ein Geflecht von Messingdrat herab so, daß zwei gläserne Säulen den Drat in einer Schuhe weiten Entfernung vom Holze halten. Unterhalb kann ich das Geflecht unterbrechen, und daran Glöcklein anbringen u. s. w. Die Säule steht schon im dritten Jahre, ungeachtet aller Stürme, fest und ungeändert.

* Das Elektrometer, welches zur Untersuchung der atmosphärischen Elektricität gebraucht wird, muß 1. sehr **empfindlich** sein, 2. die **Grade** und 3. die **Art** der Elektricität anzeigen, 4. muß **leicht**, und 5. **ohne Gefahr** während dem Gewitter gebraucht werden können.

---

§. 99.

Resultate der angeführten Versuche.

I. Es giebt in der Atmosphäre zu allen Zeiten eine Elektricität — bei Tage und bei der Nacht.

II. Diese Elektricität ist großentheils positiv: Wolken oder Regen veranlassen Spuren der negativen Elektricität. —

III. Gewöhnlich ist die Elektricität bei kaltem und neblichtem Wetter stärker als bei warmem, trüben, und zum Regen geneigten.

IV. In der Höhe ist die Elektricität stärker als an niedrigen Orten.

V. Wird die Elektricität aus dem Zeiger gezogen, so ersetzt sie sich schnell wieder, wenn das Wetter feucht und die Elektricität stark ist, herentgehen geschieht dieser Ersatz bei trockenem und warmen Wetter sehr langsam.

VI. Der tägliche Gang der Luftelektricität ist in der Regel folgender: bei trockener Luft entsteht des Morgens vor Sonnenaufgang einige Elektricität, die man aber, weil die Luft gewöhnlich

wöhnlich die Nacht über feucht ist, nur selten bemerken kann — des Vormittags wird die Elektricität nach und nach stärker, je höher die Sonne steigt, und erreicht endlich einen Grad, auf dem sie stehen bleibt, bis die Sonne halb untergehen will. Alsdann aber nimmt diese tägliche Elektricität destomehr ab, je feuchter die Luft ist. In den **kühlen Jahrszeiten** entsteht, wenn der Himmel heiter ist, ein schwacher Wind wehet, und die Trockenheit stark zunimmt, nach Sonnenuntergang mit Anfang des Thaues eine Elektricität von beträchtlicher Stärke, welche sich im Apparat beim Funkenziehen sehr schnell wieder ersetzt, und langsam vergeht. — In **gemässigten oder warmen Jahrszeiten** zeigt sich diese Elektricität sogleich nach Sonnenuntergang; sie fängt mit grösserer Geschwindigkeit an, vergeht aber auch früher (elektr. Ebbe und Fluth).

VII. Bei Gewittern bewirken die Blitze schnelle Veränderungen der atmosphärischen Elektricität. Oft wird dieselbe dadurch weiter verbreitet, bisweilen vermindert, bald verstärkt, bald sogar in die entgegengesetzte verwandelt; bisweilen kommt sie, wenn vorher gar keine da war, mit einem Blitz plötzlich zum Vorschein. Das Goldblättchen = Elektrometer zeigt schön

Ver=

Veränderungen, wenn es nur von weitem am Horizon blitzet 1).

* Seaussure beobachtete auf dem Col du Geant, daß die Elektricität bei heiterm Wettern immer in dem Maaße schwächer werde, je mehr sich die Luft in der Höhe über der Erde verdünnt. Die Elektricität sei beim Ge- Gewitter so häufig und stark auf dem hohen Berge oder gar stärker als in der Ebene. Bei heiterem Wetter fand er, daß die Luftelektricität eben den Weg verfolget, den sie im Sommer auf dem platten Lande nimmt.

§. 190.

Einfluß der atmosphärischen Elektricität.

Da die elektrische Materie nicht nur in allen Körpern der Erde, sondern auch in der Atmosphäre so häufig vorhanden ist — da die Anhäufung derselben an einem Orte und ihre Erschöpfung im andern, die eine geringe Bewegung veranlassen kann (§. 87, **), und ein ewiges Aus- und Einströmen

aus

1) Phisik. Lex. Luftelektricität.

aus den Erdekörpern in die Luft,

aus der Luft in die Erdekörper,

aus einer Luftportion in die andere und

aus einem Körper in den andern —

bewirken muß; da ihr Ein- und Ausströmen in organisirten Körpern Reiz — grössern oder kleinern erwecket; so ist es einleuchtend, daß sich die Naturforscher vom Einflusse der elektrischen Materie vornemlich

auf die Thiere,

auf die Gewächse,

und auf die Lufterscheinungen —

lebhafte Vorstellungen gemacht haben.

Eine beträchtliche Wirkung der atmosphärischen Elektricität auf die Gesundheit des menschlichen Körpers m), und auf die Vegetation der Pflanzen, hat Abt Bertholon

m) Anwendung und Wirkung der Elektricität zur Erhaltung und Wiederherstellung der Gesundheit des menschlichen Körpers, von D. Kühn. Leipzig 1788.

lon n) durch sehr viele Versuche zu erweisen gesucht. —

Obwohl Ingenhouß o) und Achard p), nach sorgfältig angestellten Versuchen, den Einfluß der künstlichen Elektricität auf das Wachsen der Pflanzen nicht haben entdecken können.

Es haben aber spätere Versuche des D. Caymot die Einwirkung der künstlichen Elektricität auf die Gewächse beinahe außer allen Zweifel gesetzt. Er pflanzte Waizenkörner von der nemlichen Aehre, in vollkommen ähnliche und gleiche Gefässe; sie wurden in gleicher Tiefe gelegt; die Erde wurde mit gleicher Menge Wasser begossen, sie wurden dem nemlichen Lichte ausgesetzt, sie stunden unmittelbar nebeneinander. Zwei Gefässe standen über Isolirgestelle; eines davon wurde positiv, das andere negativ elektrisirt, das dritte wurde in seinem natürlichen Zustande gelassen. Nach vielen Beobachtungen war das Resultat der Versuche:

Die

n) Ueber die Elektricität in Beziehung auf die Pflanzen ꝛc. Leipzig 1785.

o) Rozier obs. sur la physique &c. 1788.

p) Magazin für das Neueste aus der Phisik ꝛc. V. B. 1. St.

Die negativ elektrisirten Körnchen trieben ihre Halme in gewisser Zeit auf — — 39 Zolle $9\frac{1}{2}$ Lin.

die positiven trieben die ihrigen in der neml. Zeit auf 34 Zolle $8\frac{1}{4}$ Lin.

die nichtelektrisirten brachten ihre Halme nicht weiter — in der neml. Zeit als bis auf 22 Zolle 2 Lin.

Der Grund, warum der Trieb der negativen Elektricität stärker als jener der positiven gewesen, mag nach Carmoi darinn liegen, weil die Wegnehmung der elektrischen Materie aus der Oberfläche des Gefäßes, die untenzu haftende gegen die obere Theile der Erde anströmt, und beim Hineinfahren in die Würzelchen der Pflanzen den Reiz vermehrt, und s. w. q). —

Man vermuthet, daß die atmosphärische Elektricität auch bei dem Nordscheine und andern feurigen Lufterscheinungen ihr Spiel treibe.

Indessen ist gewiß, daß die atmosphärische Elektricität auf den Thau, Regen und andere Me-

q) Magazin ꝛc. VII. B. 1. St.

Meteore einen beträchtlichen Einfluß habe. — Doch hievon ausführlich in der Meteorologie: hier nur die Anmerkung, daß bei meteorologischen Beobachtungen die Angabe der atmosphärischen Elektricität höchst nothwendig sei, und folglich vom Wetterbeobachter nicht dürfe außer Acht gelassen werden.

Die auffallendste und oft überaus schreckbare Wirkung der atmosphärischen Elektricität offenbaret sich am handgreiflichsten

in dem Blitze (fulgur)

im Wetterstrale (fulmen)

und in diesen ähnlichen Erscheinungen.

Um aber deutliche Ideen von diesen Phänomenen, und den dabei vorkommenden Wirkungen geben zu können, müssen wir erst die Erfolge der Kunst mit jenen der Natur vergleichen.

---

§. 101.

§. 101.

Die Wirkungen der künstlichen Elektricität sind jenen der natürlichen, die Stärke abgerechnet, vollkommen ähnlich.

Nöthiger Apparat, diese Aehnlichkeit zeigen zu können. Die Darstellung der Aehnlichkeit zwischen den elektrischen und den Gewittererscheinungen fodert ein sehr **vollkommenes** und **wirksames** elektrisches Geräth. Ich nenne nur die vornehmsten Theile desselben;

1. eine sehr **wirksame Elektrisirmaschine** (1*);

2. Eine Batterie von wenigstens 10 Quadratschuhen Belege (2*);

3. einen **Hauptconductor** von etwa vier Schuhe Länge, und 6 Zoll Dicke. (3*)

4. Einen **Auslader** mit einem gläsernen Handgriff;

5. ein **Elektrometer** (5*) oder **Stärkemesser der Elektricität.**

6. Ein Gestell auf dem eine metallene horizontale Stange, an deren einem Ende ein leichter flacher leitender Körper angemacht, vollkommen im Gleichgewichte steht, durch ein Glas-

stäng-

stängchen isolirt, und im Kreise sehr beweglich ist (6.*).

7. Ein Häuschen aus Pappendeckel zusammengefügt, mit solchen Anrichtungen, die der Wirkung der Elektricität angemessen sind (7.*).

8. Zur Entzündung brennbarer Luft eingerichtete Fläschchen (8.*).

9. Eine gemalte Wolke, die an einer Wand angemacht, und von ihr eine zickzack gehende Dratkette zum Häuschen geleitet ist.

1* Die wirksamsten Maschinen sind zuverläßig jene mit Glasscheiben. Sie sind aber die theuersten, und ihr Werth wächst mit ihrer Größe ungemein. Doch fällt ihre Theure allmählig: Freund Seiferheld meldet mir, daß im Würzburgischen, Scheiben von 42 Zoll Durchm. verfertigt werden, und nur 33 Gulden kosten sollen. Der Grund einer größern Wirksamkeit der Scheiben als der Kugeln erhellet schon daraus, daß bei Scheiben eine größere Glasfläche gerieben wird, und mithin eine viel größere Menge elektr. Materie hervorgebracht werden muß. — Indeß bringe ich an einer Glaskugel, die 14 Zoll

am

im Durchmesser hält auf folgende Weise alle Wirkungen zu großen Versuchen hervor. Ich mache einen weiten Handschuh aus Katzenbalg, streiche auf die Haare das Amalgama *) ziemlich dick auf; schliefe dann in den Handschuhe, drücke ihn mit voller Hand an die Kugel, daß die amalgamirten Haare möglichst nahe an das Glas kommen, und drehe die Maschine: die elektrische Materie wird so häufig erregt, daß sie sich um die ganze Kugel in Gestalt glühender Fäden herumlegt, und sich unter lautem Prasseln in Strömen in den Conductor ergießt.

*) Das Amalgama bereite ich aus 2. Theilen Zinn, 2. Theilen Wißmuth und 4. Theilen Quecksilber; menge etwas Bleiweiß darunter, und rühre das Gemenge mit Baumöl zu einer Salbe ab. — Das Amalgama von Hr. Kienmaier, welches unter dem Namen Kienmaierisches Pulver bekannt ist, soll noch unter den verschiedenen Amalgamas das wirksamste sein r). — Meine Glaskugel ist aus grünem Glase . . . ich bediente mich schon weißer Glaskugeln: die

r) Journal der Phisik.

die Wirkungen waren die nemlichen. Nur taugen mir Gläser, die von innen einen harzigen Ueberzug haben, nicht. — Schraube ich das Küssen an, das mit Katzenbalg überzogen, und innen und aussen amalgamirt ist, so sind die Wirkungen nicht so groß, als wenn ich das Reibzeug mit der Hand dirigire . . . Beim Dirigiren der Hand wird eine größere Oberfläche gerieben, und die Hand drückt das Reibzeug vortheilhafter an das Glas. — Ich bediene mich daher eines Reibküssens nie, außer im Falle, daß ich negative Elektricität hervorbringen will . . . das selten geschieht, weil ich diesen Zweck mit der Haspelmaschine im höhern Grade erziele.

2 * Meine Batterie (Fig. 14. Taf. I.) besteht aus sechs Zuckergläsern, die in einem Kästchen, dessen Boden mit Eisenblech gemacht ist, stehen. Die innern Belege sind alle untereinander in Verbindung durch starke Eisendräte, die gebogen in eine Kugel zusammenlaufen. — Zwischen der Batterie und dem Zuleiter wird eine große Flasche (Fig. 6.) mit einem Knopfe, zu gewöhnlichen Versuchen gesetzt. Braucht man die Batterie, so wird

ein

ein Eisenstängchen a b mit einem Ende in den Knopf dieser Flasche, und mit dem andern in den Knopf der Batterie eingesteckt, und der Hacken A, Fig. 14., der mit dem blechernen Boden des Kästchens verbunden ist, durch einen Drat mit der äußern Seite der Flasche in Gemeinschaft gesetzt.

3* Mein Conductor ist, wie schon gesagt worden, aus Holz gedreht und mit Silberpapier überzogen, und hängt frei von der Decke des Zimmers an seidenen Schnüren (Fig. 8. T. I.).

5* Ich bediene mich jenes, dessen ich oben erwähnte; es besteht aus einem hölzernen Säulchen, das unterhalb mit einem Ring aus Messing versehen und 6 Zolle hoch ist (Fig. 15. Taf. I.); in dessen Mitte ist eine Schweinsborste angemacht, so, daß ein Ende derselben der Mittelpunct eines beinernen Halbzirkels ist: die Schweinsborste ist durch eine messingene höchst bewegliche Achse durchgesteckt, an dieser Stelle etwas angebrannt, daß sie nicht durchschliest, und unterhalb mit einem Kügelchen Holundermark versehen.

6* Es ist die bekannte sogenannte künstliche Wolke — nemlich ein Dratklümpchen mit Flor überzogen und breit gedrückt.

7* Mein Häuschen ist aus Pappendeckel verfertigt, und mit einem Thurme versehen; der hintere Theil ist ganz offen, um die Anrichtungen leicht machen zu können. Für das Thürmchen habe ich drei Hüte oder Küppelchen zurecht gemacht: auf einer sitzt ein Blitzableiter isolirt, auf der andern unisolirt, auf die dritte ist ein Knopf angebracht. Am Thurme geht ein isolirter Drat herab, der an der Seite in das Gebäude läuft, und mit drei Glöcklein nach obiger Anrichtung (§. 42.) in Gemeinschaft ist: dieser isolirte Drat wird gebraucht, wenn man den Hut mit der isolirten Spitze aufsetzt. Eine andere Ableitung ist also gemacht, daß sie

1. von außen ununterbrochen

2. von außen unterbrochen und

3. von innen unterbrochen zum äußern Beleg einer Verstärkung geführt wird.

Die Fenster sind mit verschieden gefärbtem Papier überpappt, und durch eine Eintauchung im Oele durchsichtig gemacht.

Die Auffangsstange ist spitzig, aber mit einem Gewinde versehen, daß ein Kügelchen angeschraubt werden kann. Die Hinleitung des Drates von der aufgestellten Spitze zum starken Messingdrat, der am Gebäude herabgeht, ist so angerichtet, daß sie allemal mit dem Drat in Gemeinschaft ist, so bald der Hut aufgesetzt wird.

Einige Stücke am Thurme sind so angemacht, daß sie herausgeworfen werden können, wenn der elektrische Schlag durchgeht: es ist nemlich die Ableitung hinter demselben unterbrochen.

8 * Starke Cilindergläslein (Fig. 31. II. Taf.), die oben mit einem Halse zum Verstoppeln, und an der Seite mit zwei gegen überstehenden Oefnungen a, b versehen sind, taugen vortrefflich dazu: man küttet in die Oefnungen a, b, kleine Stöppelchen mit Siegellack, zieht dadurch Dräte, die voneinander abstehen: außerhalb bringt man die Dräte in Ringe

a, b, daß daran die Verbindungsdräte angehängt werden können. —

§. 102.

Darstellung dieser Aehnlichkeit durch eine Parallel: Erfahrungen vom Blitze und Versuche mit der Elektricität.

1. **Erfahrung.** Geht eine Wetterwolke über eine Anrichtung, die man Luftelektrometer (Zeiger der atmosphärischen Elektricität) nennt, oder kommt bloß dieser Anrichtung nahe; so erscheinen die Spuren der Elektricität an dem Elektrometer: das angenäherte Goldblattelektrometer geht auseinander; die damit verbundenen Glöcklein läuten u. s. w.

Versuch. Setzet man die künstliche Wolke mit dem Conductor einer Verstärkung in Verbindung, und stellet unter dieselbe ein Häuschen, auf welchem eine Spitze isolirt aufsitzt, und in das Innere des Hauses, wo die Glöcklein gehörig angerichtet sind, mittels eines isolirten Drates hineinreicht, und mit den Glöcklein in Gemeinschaft ist; so spielen die Glocken, wenn schon die künstliche Wolke zwei Schuhe

von

von der Spitze entfernt hängt: und ein Goldblattelektrometer giebt Zeichen der Elektricität, wenn die künstliche Wolke 6 — 8 Schuhe entfernt ist.

2. **Erfahrung.** Ist ein Gewitter im Anzuge, so erhebt sich gerne vorher der Staub, bewegt sich gegen die Gewitterwolke, und wirbelt sich in Gestalt einer Säule bis gegen dieselbe.

Versuch. Ich hieng eine aus Papp gemachte Kugel, die 36 Zolle im Durchmesser hat, an einer seidenen Schnur an der Zimmerdecke auf, verband sie mit dem Zuleiter, stellte unter dieselbe ein Stativ mit einem Brett, worauf ich kleine Häuschen aus Kartenblättern anpapte, und den Boden dick mit Kleien bestreute; gab alsdenn dem Brette die rechte Entfernung von der Kugel, und drehte dann die Maschine: alsobald erhob sich die Kleien, und wirbelte sich gegen die künstliche Wetterwolke also an, daß die Häuschen unsichtbar wurden.

3. **Erfahrung.** Beobachtet man die Gestalt der Blitze beim Donnerwetter, so findet man, daß sie zickzack gehen, und sich bald

lichthell, bald röthlicht, bald violet, bald blaulich von einer Wolke zur andern schlängen.

Versuch. Bringt man einen guten Leiter, etwa einen metallenen Conus oder Knopf, oder ein Häuschen, daß einen Knopf mit einer Ableitung hat, in einer Entfernung von 4 — 5 Zollen an den Conductor (Fig. 8. 9. Taf. I.); so entstehen zwischen diesem und dem nahen Körper unzählige Funken, welche ein Zickzack bilden, lichthell, und unter verschiedenen Farben, wie die Blicke — erscheinen.

4. **Erfahrung.** Kommen die Blitze aus den Wolken herab auf die Erde, so begleitet ihren Schlag allemal eine gewaltige Erschütterung der Körper, die sie treffen.

Versuch. Macht man eine solche Anrichtung, daß der Drat des äußern Beleges der Verstärkung in ein weites Gefäß hineingeht, und die Oberfläche des Wassers darinn gerade berühre, und ein anderer Drat, der zum innern Beleg kann geführt werden, auch also in das Wasser geht, und etwa einen halben Schuhe von diesem absteht; läßt man denn den Funken der Batterie durch, so wird die ganze Wassermasse sicht-

bar

bar erschüttert. — Derlei Erschütterungen werden auch wahrgenommen, wenn die Schläge über eine andere Fläche geleitet werden. — Wie werden nicht die Arme und die Brust vom elektrischen Stoß erschüttert? u. s. w.

5. **Erfahrung.** Hat der Blitz einmal die Erde erreicht, so erlischt er.

Versuch. Wird die elektrische Materie durch einen Leiter vom innern Beleg zum äußern geführt, so erlischt sie ebenmäßig . . . Oder, der elektrische Schlag werde auf ein Häuschen geleitet, dessen Anleitung mit dem äußern Beleg in Verbindung ist, so verschwindet mit dem Hineinfahren der elektrischen Materie in das äußere Beleg alle Wirkung.

6. **Erfahrung.** Der Wetterstral fällt allemal mit einer Platzung auf die Körper auf — springt unter einer Platzung auf schlechtere Leiter und feste Körper ab — fährt mit Platzung durch die Bäume und wirft die Splitter nach allen Richtungen um sich.

Versuche. Werden zwei Stanniolstreifen, deren jede stumpf zugespitzt und etwa einen Viertelszoll breit sind, auf einer Fläche auf, daß sie an diese wohl anliegen, aber Einen Zoll weit abstehen: läßt man in dieser Lage eine wohlgeladene Verstärkung durch diese Streifen ab; so bekommen die beiden Streifen an den stumpfen Enden eine Erhebung, so daß jedes nach der entgegengesetzten Richtung sieht — — Nemlich beim Ausbruche aus einem Ende und beim Eindringen in das andere zieht sich die ganze Ladung in die engen Rinne der Spitze — da entsteht dann eine doppelte Platzung, welche die Luft nach allen Seiten stößt, und mittels dieser die Streifen nach entgegengesetzten Richtungen in die Höhe hebt oder vielmehr wirft. — Schraubt man ein halbes oder ganzes Kartenspiel zwischen zwei Schrauben, durch deren Mitte Dräte gehen, und das Papier oder das Kartenspiel an den äußersten Enden berühren; läßt man hernach durch diese den Schlag der Batterie, so werden die Karten :c. durchgeschlagen, so daß Wülste nach beiden Seiten der Karten aufgeworfen sind . . . Nemlich der elektr. Funken findet beim Uebergange vom Drate zur ersten Karte von dieser zur zweiten, von dieser zur dritten :c. Widerstand: es erfolgen also so viele Platzungen als Karten da sind: also ein Fortstossen der widerstehenden Theile nach allen Richtungen — aufwärts und abwärts . . . sind die

Kar=

Karten etwas feucht, so ist die Kraft der Platzung durch Fortstossung der feuchten Theile nur desto stärker, und die Löcher sind nur desto grösser ic. — werden in ein Kelchgläschen, das voll Wasser ist, zwei Dräte so eingesetzt, daß sie weit unten etwa einen halben Zoll von einander sind, so wirft der durchfahrende Schlag das Wasser nach allen Seiten mit solcher Gewalt, daß oft das Glas zersplittert u. s. w.

7. Erfahrung. Vom Blitze werden immer die hervorragenden Gestände — die Körper, welche an höhern Stellen stehen, getroffen.

Versuch. Man bringe ein Städtchen aus Papp gebauet — ein Schiff mit Masten, das auf dem Wasser in einem kupfern Bäcken schwimmt, unter einen kugelförmigen Leiter; die aus dieser künstlichen Wolke fahrende Funken schießen nur auf die Thürme und Mäste.

8. Erfahrung. Die Wetterstrale ergreifen allemal die besten Leiter, und verfolgen sie bis an ihr E[illegible]

Ver:

Versuch. Man bringe an einem Thurme eine schlechte oder mehrmalen unterbrochene Leitung; man setze neben den Thurm ein Häuschen, von dem eine Dratkette in den Thurm geht, nach dem Beispiel, wo Geistliche von ihren Häusern oder Schildwachen ꝛc. Dräte in den Thurm haben, um an die Glocke zu schlagen, oder einen Wächter zu rufen u. d. gl. Diese Dratkette, die in das Häuschen vom Thurme herabgeht, werde dann mit dem äußern Belege in Verbindung gesetzt — die künstliche Wolke dem Thurme angerückt, und der Schlag auf den Thurmknopf gelassen: der Schlag fährt am Thurme bis zur Kette, dann ergreift er diese, und fährt an ihr sichtbar in das Häuschen, zündet ꝛc.

9. **Erfahrung.** Der Blitz durchbort Nichtleiter und schlechte Leiter ꝛc.

Versuch. Man unterbreche die Leitung, die zum äußern Beleg einer Verstärkung geht, und lege dazwischen ein Stück Pappendeckel so, daß ein Ende oberhalb, das andere gerade unterhalb liegt: nun entlade man die Verstärkung, und man findet den Papp durchbort — auf solche Weise wird auch eine dünne Glasplatte, ein dünnes Zeltchen Harz ꝛc. durchgeschlagen und

zer=

zersplittert. Wird ein Buch Papier zwischen zwei Schrauben, durch deren Mitte Dräte gehen, geschraubt, so wird das ganze Buch durchbort.

10. **Erfahrung.** Fällt der Bliz auf brennliche Körper, oder ist nahe bei diesen die Leitung unterbrochen, so werden sie vom Blitze angezündet. — Geht aber die Leitung ununterbrochen über brennbare Materien, so bleiben diese unbeschädigt 2c.

Versuch. Setzt man zwischen zwei Dräten, die etwa $\frac{3}{4}$ Zoll abstehen, ein Kerzenlicht, macht darüber ein Flecken Baumwolle, das man mit gestossenem Kalaphonium eingerieben hat, und läßt eine Ladung durch die Dräte, so wird die Baumwollflocke mit einer Flamme aufbrennen. — Wird eine starke Ladung auf das *Semen Licopodii*, oder nur eine schwache auf warmen Brandtwein gelassen; so werden sie entzündet. — Füllt man eine Federkiele mit Schießpulver, unter welches ein wenig Feilspäne aus Stahl gemengt sind, und steckt die Dräte gegeneinander, daß sie einen Viertelszoll abstehen, so entzündet der durchfahrende Funken das Pulver 2c. Ist an dem Häuschen auf einer Seite eine ununterbrochene — auf der andern eine unterbroche-

ne

ne Leitung angemacht, wird die ununterbrochene mit Baumwolle, die in Kalaphonium-Staub eingetaucht ist, umwickelt; auch zwischen der Lücke der unterbrochenen ein Flöckchen solcher Baumwolle hineingelegt, hernach der elektrische Funken erstens durch die stäte, hernach durch die unterbrochene Leitung gelassen; so bleibt im ersten Falle die Baumwolle unverletzt, im zweiten in Flamme gesetzt rc. — Wird hinter die Wolke (§. 100. 9.) welche aus Pappendeckel gemacht, und schwarzgrau gemalt ist, ein Fläschchen mit brennbarer Luft gesetzt; die Hinleitung zur Wolke und dem versteckten Fläschchen, mit einem stäten Drat gemacht; die Fortleitung zickzack durch eine Kette bis zum Häuschen geführt, in diesem die Ableitung unterbrochen, und zwischen den unterbrochenen Dräten ein Baumwolleflöckchen, das im Kalaphoniumstaube eingetaucht worden, gebracht: hierauf der stäte Drat mit dem äußern Belege einer wohlgeladenen Verstärkungsflasche verbunden; alsdann mit einem andern Drat, der zum Häuschen geht, der Knopf der Verstärkung angerührt; so — erfolgt eine Erscheinung, die frappirt, und das Phänomen des Blitzes vollkommen nachahmt: das elektrische Feuer wird an der künstlichen Wolke unter einem Pistolen-

ähnli-

ähnlichen Knall sichtbar; läuft zickzack an der Wand fort, und erweckt Brand im Häutchen.

11. Erfahrung. Die Blitze machen dünne Klingeldräte, die sie ergreifen, glühend, oder schmelzen sie, oder verkalchen sie gar, und verwandeln sie in Staub. — Ketten mit vielen Ringen leiden vom Blitze Beschädigung.

Versuch. Spannt man an zweien Stiften, die in ein Brett eingesetzt sind, einen sehr dünnen Drat aus, und läßt die Ladung einer Batterie durch, so wird der dünne Drat glühend — bei grösserer Ladung schmilzt er zu Kügelchen — bei noch grösserer verändert er sich in Staub. — Liegt eine Dratkette mit vielen Ringen auf weissem Papier, so hinterläßt eine durchgelassene Ladung allemal Spuren derselben u. s. w.

12. Erfahrung. Eiserne Stängchen, welche der Blitz getroffen, fand man magnetisch; und der vom Blitze getroffene Magnet verlor seine Kraft.

Versuch. Läßt man durch ein Eisenstängchen mehrmalen die Ladung einer beträchtlichen Batterie, so wird es magnetisch, und die Magnetnadel, durch welche ein Batterieschlag öfter durchfährt, verliert ihre magnetische Kraft.

13.

13. Erfahrung. Die Blätter der Bäume, die vom Blitze getroffen worden, findet man versengt, und ihre Organisation zerstört.

Versuch. Läßt man durch ein frisches Pflanzenblatt den elektrischen Schlag, so zeigt sich seine Organisation auf die nemliche Weise zerstör.

14. Erfahrung. Werden Thiere oder Menschen vom Blitze getroffen, so lehrt fast in allen Beispielen die Erfahrung, daß der Blitz zwischen der Oberfläche des Körpers und den Kleidern hingehe, und am Körper Brandflecken, Blasen und Rinden verursache, auch durch den Druck Stockung, Lähmung und Unempfindlichkeit der getroffenen Theile, besonders aber beim Zu- und Abspringen und beim Widerstande der Kleider veranlasse ꝛc. — allemal mächtig erschüttere, wenn er nicht tödtet.

Versuch. Läßt man durch ein Thier, z. B. durch eine Maus, Vogel ꝛc. eine starke Ladung einer Batterie, so werden die Thiere getödtet. Und Priestlei s) fand bei Thieren, die durch den Schlag einer stark geladenen Batterie getödtet

s) F. VIII. Sect. 8.

tödtet worden, keine Zerreißung der innern Theile. Die Erschütterung durch den ganzen Leib ist schmerzlich.

16. **Erfahrung.** Manchmal nehmen die Blitzstralen die Gestalt der Feuerbälle an: und dieser ihre Schläge sind die gewaltigsten; denn sie entstehen vermuthlich von einer plötzlichen Anhäufung einer überaus großen Quantität elektrischer Materie, und aus einer eben so plötzlichen Loslassung derselben aus den Wolken.

Versuch. Hängt man vom Conductor einer Verstärkung eine runde mit Zinnfolie überzogene Scheibe; untersetzt dieser eine ähnliche in einem Abstande eines Zolles, und ladt die Flasche stark: so bruht zwischen den zwei Flächen ein Funken aus, der mit dem atmosphärischen Feuerballen alle Aehnlichkeit hat rc.

Aus dem Vorhergehenden läßt sich nun mit Grund angeben, **was** eigentlich

der **Bliz**

der **Wetterstral**

der **Donner** sei;

auch

auch läßt sich, wie mich dünkt, die gründliche Vermuthung beifügen, **wie** sie entstehen.

§. 103.

Vom Blitze und dem Wetterstral.

Der **Blitz** ist ein sehr starker elektrischer Funken, der zwischen zwei Wolken entsteht, sobald die respective Sättigung unter ihnen höchlich gestört, und die Anhäufung in einer also angewachsen ist, daß sie die widerstehende Luft durchbrechen, und sich in die andere Wolke den Weg bahnen kann.

Der **Wetterstral** ist vom Blitze nur darinn unterschieden, daß der gewaltige elektrische Funken zwischen einer Wolke und einem Theil der Erde entsteht, und sich von jener in diesen, oder von diesem in jene durch die Luft mit Gewalt eine Bahn öfnet, sobald zwischen beiden der Unterschied respectiver Sättigung den gehörigen Grad erreicht hat. — Woraus erhellen die

§. 104.

Gesetze,

nach welchen der Bliz oder der Wetterstral wirkt, und Erklärungen mancher bei diesen Phänomenen vorkommenden Erscheinungen.

I. Die Blitze und Blitzschläge folgen den Gesetzen der Elektricität.

II. Die Blitze und die Blitzstralen können nur entstehen, wenn die Gewittermaterie sich in einer Wolke höchlich anhäuft, und eine andere in dieser ihren Wirkungskreise tritt, und sehr erschöpft ist.

III. Die Blitze gehen also dahin, und treffen jene Stellen, welche in einem bestimmten Umfange die größte Differenz in der respectiven Sättigung mit der Gewitterwolke haben. . . sind diese Stellen in der Atmosphäre, welches der gewöhnlichste Fall ist, so bleiben sie in der Region der Wolken: sind sie auf der Erde, so stürzen sie herab auf diese — wenn die Luftschichte, die dazwischen liegt, nicht zu dick oder zu dicht ist; 2c. (§. 33.).

IV.

IV. Die Blitze ergreifen die Metalle, thierische Körper, feuchte Massen — verdünnte Luft, und andere leitende Körper am liebsten, und verfolgen sie, soweit sie sich erstrecken: — je breiter die leitende Bahn ist, desto unschädlicher werden sie abgeführt ꝛc. — Daher erfaßt der Blitz so gerne Klingeldräte, und fährt ihnen nach, zieht sich durch die Gipsdecken ꝛc. nimmt seinen Weg zwischen Holz und Rinden der Bäume, wenn er darauf stürzt, fährt am feuchten Mörtel der Mauern herab; — schmilzt, zerstäubt dünne Dräte u. s. w.

V. Die Metallspitzen auf Gebäuden, welche eine Ableitung bis zur Erde haben, müssen auf die Wetterwolken in großen Weiten wirksam sein, sie leersaugen, oder doch ihren Stral äusserst schwächen.

VI. Die Blitze gehen auf die nächsten Theile einer Wolke, oder eines Erdkörpers, oder auf jene, zu deren Uebergang sie den geringsten Widerstand finden. — Und bei gehindertem Fortlauf springen sie von schlechten Leitern auf bessere ab. — Daher trift der Blitz so leicht die metallenen Knöpfe, Windfähne, Kreuze ꝛc. auf Thürmen und Gebäuden u. s. w. —

Daher

Daher verläßt der Bliz Holz und Steine, und springt auf menschliche und thierische Körper ab: so werden Menschen erschlagen, welche unter einem Baume, Heuhaufen 2c. Schuz suchen, oder sich nahe an Oefen, Zimmerdecken, eiserne Gitter, Spiegel, vergoldete Rahmen, Thorwegen, Dachrinnen, die Wasser herabgießen u. s. w. stellen.

VII. Es können daher die Blitze verschiedene Richtungen haben; denn der Wirkungskreis einer elektrischen Wolke ist sphärisch: mithin können die Blitze aufwärts, abwärts schräg oder horizontal gehen, je nachdem die Luft nach einer Seite dünner, die Bahn, wie immer leitender, oder wegen großer Annäherung eines Gegenstandes das Durchbrechen der Luftschichte leichter ist. — Daraus die Erklärung, warum der Wetterstral hohe Stellen, jener, der zur Seite geht, freistehende Gebäude oder Bäume am öftesten treffe — warum niedrige Gebäude, von hohen umringt, am meisten gesichert seien u. s. w.

VIII. Die Schlagweite der Blitze und der Strale kann groß und klein sein, je nachdem die Ladung der Wolke stark, die Luft mehr oder weniger leitend, die Hervorragungen breit oder schmal rc. sind . . . Knöpfe, Kamine, und ihre Rauchsäulen, Menschen, Thiere, Korngarben, Heuhaufen auf freiem Felde rc. werden leichter und aus großen Fernen getroffen.

IX. Jeder Blitz fällt mit einer Platzung auf, (macht beim Auffall einen Seitenschlag) oder springt bei unzureichender Leitung mit einer Auseinanderwerfung nach allen Seiten ab . . . Daher werden widerstehende Körper durch die Explosion mit Gewalt zerrissen, zersplittert, verstäubt, oder zersprengt — Stein oder Baumäste oft auf große Weiten fortgeschleudert — umstehende Personen niedergeschlagen, erschüttert, betäubt rc. — Und daher — weil bei jeder Platzung die elektrische Materie concentrirt wirkt, schmelzt der Blitz die Spitzen der Blitzableitungen so gerne an. u. s. w.

X. Der Blitz kann sich bei starker Anhäufung in mehrere Stralen theilen, wenn er in seiner Schlagweite gleich geschickte Gegenstände findet. . . Daher das Einschlagen an zweien nahen Orten aufeinmal rc.

XI. Eine Gewitterwolke kann an Orten, wo in grösserm Umfange gar keine merkliche Hervorragungen sind, ihre Ladung, wenn sie sehr angewachsen ist, auf einmal herabstürzen. . . Vielleicht haben daher ihren Ursprung die von den Zeiten des Aberglaubens her sogenannte Zauberkreise — Kreise von 3 — 4 Schuhe Durchmesser, in welchen das Gras versengt scheint, die aber nach dem Abmähen viel grüners und frischers Gras, als die übrigen Stellen, hervorbringen sollen.

XII. Die starken Gewitterwolken können blitzen, ohne sich völlig zu entladen. . . . Es können sich einer elektrischen Wolke andere von verschiedenen Seiten zugleich nähern, und mehrere Blitze auf einmal herauslocken u. s. w.

XIII. Die Gewitterwolken können durch Regen, durch die Wipfel der saftigen Bäume, durch die Spitzen ihrer Blätter, und anderer Gewächse, durch spitzig zugehende Metallstangen, welche eine ununterbrochene Leitung in die Erde haben rc. — von ihrer elektrischen Materie mehr oder minder erschöpft werden. — Daher die Wetterlichter auf den Spitzen der hervorragenden Gebäuden, der Masten 2c. oder das sogenannte Elmesfeuer 2c.

XIV. Hat der Wetterstral die feuchte Erde oder ein Wasser erreicht, so vertheilt er sich ohne weitere Wirkung an der Oberfläche der Erde.

XV. Es ist möglich, daß Blitze aus der Erde Wolkenan fahren: — aber mit Maffei behaupten, daß alle Blitze aus der Erde gegen die Wolken gehen, ist gegen die Theorie. . . . Auch gegen alle Erfahrung.

XVI. Es können in zweien weit entlegenen Orten zur nemlichen Zeit Wetterschläge entstehen. . . . Nemlich die häufigste Anladung einer Wolke muß an einer andern, die in ihrem Wirkungskreis ist, die gröste Entladung hervorbringen: bricht nun die positive Wolke auf einmal gegen die Erde los, so zieht die negative Wolke mit großer Macht aus andern angrenzenden Wolken, oder wohl auch aus einem hervorragenden Erdekörper eine große Quantität elektrischer Materie an sich: strömt nun diese plötzlich aus dem Erdekörper, so erfolgt ein Wetterstral gegen die Wolke. . . Wird die elektrische Materie aus den Wolken herbeigeführt,

so

so kann die mit Gewalt herbeischießende Materie leicht durch kleinere Zwischenwolken eine Ableitung zur Erde finden, und einen Wetterschlag erzeugen. — Ein Mensch, der im Wirkungskreise einer positiven Wolke eine Elektricität hat — E, kann blos dadurch getödtet werden, daß bei Entladung der Wolke sein Zustand — E in E übergeht, weil die elektrische Materie aus der Erde in den thierischen Körper plötzlich hineinfährt (s. Rückschlag §. 72.).

XVII. Der Wetterstral entzündet wie ein gemeines Feuer, so oft er auf brennbare Materie unter einer Explosion wirkt. — Findet der Blitz eine stäte Ableitung, oder ergreift er unbrennliche Körper; so erfolgt keine Zündung — es entsteht der sogenannte kalte Schlag. — Die vom Wetterstral erregte Flamme ist jeder andern Flamme ähnlich, und so wie eine andere Flamme zu löschen.

XVIII. Der Schwefelgeruch oder andere Spuren von Schwefel, die ein Blitzschlag veranlasset, ist kein Excrement des Blitzes, sondern ein durch den Blitz in der Luft erzeugter Schwefel — durch Vereinigung der Säure in der Luft mit brennbaren Wesen.

XIX. Wird die **Luft sehr dünne**, so muß etwas ähnliches erfolgen, was wir im luftleeren Raume bei der Elektricität erfolgen sehen, die Gewittermaterie kann ohne Platzung zerfliessen — ein **Wetterleuchten** (sogenanntes **Himmelabkühlen**) bilden.

XX. Eine mit Blitzmaterie beladene Wolke muß auf die nahen — negativen Gegenstände eine **gewaltige Ziehekraft** ausüben, und frei schwebende Wolken oder Körper leichterer Art von der Erde an sich ziehen, an sich reißen... Darinn liegt ein **Theilgrund** der **Bewegung** der Wolken ꝛc. Daher das **Emporsteigen** des **Staubes**, gegen die Gewitterwolken, die **Staubsäulen**, die **Wassersäulen** (tuba marina) Wasserhosen auf dem Meere — die **Wirbelbewegung** des von der Erde erhobenen **Grases** oder **Heues** (die sogenannte **Münzbraut** — und zum Theile die **Wirbelwinde**.

XXI. Die Gewitterwolken wirken nach den **Gesetzen der Wirkungskreise**. Also theilt eine elektrisch gewordene Wolke allemal einer andern, die in ihren Wirkungskreis kommt, die **entgegengesetzte** Elektricität mit u. s. w.

§. 105.

§. 105.

Der Donner

Ist jener knatternde Schall, der die Blitze und Wetterschläge begleitet, die Gewölbe des Himmels mit schrecklichem Getöse erfüllt, und die Vesten der Erde erschüttert.

Diese Erscheinung ist nur eine mittelbare Wirkung der atmosphärischen Elektricität, als wie das Krachen einer entladenen Batterie eine mittelbare Wirkung der künstlich erweckten Elektricität ist.

Unsere Untersuchung zielt nun dahin:

1. Woher das Entstehen des gewaltigen und erschütternden Gekraches des Donners?

2. Woher die Dauer, das Fortrollen des Gekraches, und oft später mit wachsendem Gekrache nachrollenden Donners?

§. 106.

Das Entstehen des Donners.

Seneca t) stellte sich die Gewitterwolken als große Blasen voll Luft vor, die hie und da aufgehen, und die eingeschlossene Luft unter einem Getöse loslassen. — Descartes v) bildete sich ein, die Gewitterwolken bestünden aus Schneetheilen, und glaubte, der Donner werde durch den Fall einer Wolke auf die andere, wie in den Alpen das Gekrach der fallenden Schneelavinen verursacht u. s. w. w).

Natürlich sind derlei Meinungen außer Kurs gekommen, nachdem man die Aehnlichkeit der Blitze mit den elektrischen Funken handgreiflich gemacht hat.

Es läßt sich nicht wohl zweifeln, der Donner sei nichts anders, als die mächtige Erschütterung der Luft, welche durch die Platzung beim Ausbruche des Blitzes und durch die auf seinem Wege vorgehenden Durchbrüchen und wiederholten Explosionen bewirkt wird.

Denn

t) Quaest. nat. II.

v) Meteor. 7. c.

w) Schott in Physica curiosa. Herbip. 1667.

Denn jeder Ausbruch eines elektr. Funkens trennt und erschüttert die Luft mit einem Knall. — Der Laut ist desto stärker, je größer die Ladung — und je mehr Widerstand ihrem Laufe entgegensetzt worden.

§. 107.

Die Dauer, und das Fortrollen des Donners.

1. Wird in gebirgigen Gegenden ein kleiner Mörser losgebrannt, so erfolgt ein durch das Echo so vervielfältigtes Getöse, daß es dem stärksten und anhaltenden Donner gleich kommt. — Auf gleiche Weise kann der Donner durch verschiedene Flächen der Wolken, und der Gegenstände auf Erden öfter zurückgeprellt, und anhaltend gemacht werden. — Mehrere schnell auf einander folgende Blitze — oder der Durchgang durch mehrere in einer Reihe liegende Wolken können einen andauernden Donner hervorbringen ꝛc.

2. Die Stellen, durch welche der Blitz fährt, und in welchen er Platzungen erregt, können sich in verschiedenen Entfernungen vom Ohr be=

befinden. — Es können die folgenden Platzungen stärker als die ersten sein . . . Es muß also oft geschehen, daß bei einem andauernden Donner das Getöse wächst.

Nebenbei ist es nicht unwahrscheinlich, daß der Blitz auf seinem Wege oft brennbare Luft antreffe, und durch derer Entzündung den andauernden Donner verstärke.

* Der Knall des Donners ist auch oft nur momentan. So hörten Bougner und de la Condamine auf dem Pichincha bei einem Gewitter den Donner ohne Nachschall: — Da fehlten die Umstände, die den Grund enthalten von der Dauer des Donners. . . In Spanien sollen sich die Gewitter manchmal fürchterlich äußern, und weder regnen noch donnern x). — — Dieß mag der sehr verdünnten Luft zuzuschreiben sein rc.

§. 108.

x) Magazin für das Neueste aus der Phisik rc. I. B. I. S.

§. 108.

Schlüsse.

Man sieht nun aus dem bisher angeführten leicht,

Was von der Meinung, welche gewisse Leute von dem **Donnerhammer**, oder **Donneraxt** haben, zu halten —

wie abergläubisch der Gebrauch der sogenannten **Donnersteine** sei. —

Wie zu urtheilen über die Sagen, welche **Plutarch**, **Plinius**, **Lukrez** 2c. von der Verschluckung des Weines in einem Keller durch den Blitzstral — von dem Gefrieren desselben in einem andern Falle — von der Unverletzlichkeit des Lorbers durch den Blitz u. d. gl. anführen 2c.

Man erklärt sich leicht aus dem schrecklichen Ansehen eines Gewitters, und aus den Verheerungen, die es manchmal anrichtet, warum das

Ge=

Gewitter von jeher für eine unmittelbare Wirkung Gottes angesehen worden.

Warum die Griechen die strafende Gottheit mit Blitzen in der Hand vorgestellt —

Warum man zu allen Zeiten Mittel gegen die Wirkungen des Bitzstrals gewünscht,

lange falsche, unzulängliche, auch abergläubische gebraucht habe, bis man auf die grasse Entdeckung kam, selbst die Blitzwolken zu entwafnen, und ihren herabgeschleuderten Stral unschädlich zu machen; doch etwas ausführlicher von den Verwahrungsmitteln gegen die Gewitter nachher

§. 109.

Von der Entstehung der atmosphärischen Elektricität.

Es ist aus Erfahrung gewiß, daß in der Luft die Elektricität stets vorhanden sei. Es ist gewiß, daß eine Wolke, die isolirt in der Luft hängt, und in ihr die elektrische Materie angehäuft wird, die Heimat der Blitze und der Wetterschläge — so wie ein im Zimmer an sei-

de-

denen Schnüren aufgehängter Conductor, der Behalter elektrischer Funken ist.

Allein durch welche Wege und Mittel wird die Atmosphäre elektrisch? — Und was bewirkt die Anhäufung der elektrischen Materie im so hohen Grade, daß sie unter schrecklichen Donner und Blitzen und Wetterschlägen erscheint? — —

Diese Fragen sind noch nicht entschieden: also

§. 110.

Vermuthungen.

Die Aehnlichkeit der Blitze und Wetterstrale mit den elektrischen Funken läßt ahnen, daß wohl auch die Entstehungsarten beider Elektricitäten einander ähnlich sein dürften.

1. Das Reiben ist das gemeine Mittel Elektricität zu erregen. Ein einziges Hinfahren des Katzenbalges über einen Leinwandelektrophor erzeugt die Elektricität in so hohem Grade, daß die Feuerstralen nach allen Seiten unter knisterndem Geräusche ausspritzen. . . Ein Schlag

mit

mit dem Fuchsschweif auf eine isolirte Person, setzt diese in den elektrischen Zustand .... Ein einziges Hinreiben der blossen Hand über den gläsernen Condensator (§. 79.) erzeugt im hohen Grade die Elektricität; ja jede Reibung scheint Elektricität zu erwecken (§. 87.).

Sollte nicht das Hinbewegen der Luft die Wolken, die so mancherlei Situationen haben, die Elektricität erregen können?

2. Die blosse Abwechselung der Wärme elektrisirt den Turmalin und viele andere Edelsteine. —

Läßt sich von der Abwechselung der Wärme in den Wolken nicht die nemliche Wirkung hoffen? —

3. Man erfuhr durch Hilfe des V. Condensators, daß das ausdünstende Wasser die Platte, worauf das Gefäß isolirt gestanden, negativ elektrisch worden: die Dünste, welche in die Luft gestiegen, mußten also im positiven Zustande erhoben worden sein. — De Machi fand feuchten Zwirn elektrisch isolirt, so bald er anfieng auszudünsten. — Das Verbrennen des Weingeistes elektrisirt den Deckel, auf dem das

Ge-

Gefäß, worinn er brinnt, gestanden: die Auflösungen sind von der Elektricität begleitet (§. 87. *) u. s. w..

Sollte nicht schon durch die Ausdünstung und Verbrennung eine große Quantität elektr. Materie in die Atmosphäre gebracht werden? —

„ Gewiß die Reibung der Lufttheilchen untereinander, und dieser mit den Wolken; die Abwechselung der Wärme, Verdünstung der flüßigen und Verbrennung fester etc. Körper mögen immer als Ursachen vom Entstehen, oder Vorhandensein der Elektricität in der Atmosphäre angesehen werden. — Aber die Anhäufung bis zur **Erzeugung der Blitze** woher?

§. 110.
Mein Vielleicht über die starke, Anhäufung oder Erschöpfung der Elektricität in der Atmosphäre.

Vorausgesetzt, daß die Elektricität entweder in der Atmosphäre **erregt** werde

durch Reibung der Lufttheilchen untereinander,

dieser mit den Dünsten,

oder

oder der Haufen Dünste, der Wolken untereinder,

oder dieser oder jener oder beider mit andern fremdartigen Theilen der Atmosphäre

oder daß die aufsteigenden Dünste der Atmosphäre die elektrische Materie aus der Erde zuführen;

So scheint mir, die grosse Anhäufung oder grosse Erschöpfung ganzer Wolken, welche die Erscheinung der Blitze voraussetzet — sei ganz von den Wirkungskreisen abzuleiten.

Nemlich die elektrische Materie, die in der Atmosphäre

erregt,

oder ihr mitgetheilt wird,

schwingt sich durch die leitenden Dünste so lange empor, bis die Luftgegend kommt, zu der sich die Dünste nicht mehr erstrecken.

In dieser Region, wo die ausgebreitete Luft als eine nichtleitende Fläche zu betrachten ist, wird sich die elektrische Materie anhäufen, und machen, daß die nichtleitende Luftschichte die Eigenschaft eines **Elektrophors** erhält.

Wird nun eine gewöhnliche Wolke A, entweder vom Winde getrieben, oder von der Ziehekraft der angehäuften Elektricität auf diese **überaus große Elektrophorfläche gebracht** — so wird die Wolke

> der Elektricität capacer, aber im Zustande — E; sie ist als ein Deckel auf einem positiv geladenen Elektrophor zu betrachten.

Nähert sich nun dieser eine andere leitende Wolke B, so empfängt diese von A, im gehörigen Abstande, einen Funken — es **entsteht ein Blitz**.

Ist die Wolke B mit vielen andern in Verbindung, so vertheilt sich die in Blitzgestalt ausgefahrne elektr. Materie durch alle, die in Gemeinschaft sind.

Ist sie von allen Seiten mit Luft umgeben, isolirt, so ist eine neue positiv geladene mit **Blitzen schwangere Wolke** — ganz den Gesetzen der Natur gemäß erzeugt. . .

Diese positive Wolke B wird dann einen angrenzenden

Theil der Atmosphäre

oder der Erde,

der in ihre Wirkungssphäre tritt, **negativ** machen — und bei gehörigem Abstande

entweder einen **Blitz**

oder einen **Wetterstral**

erzeugen.

Bläßt nun erst ein gewaltiger Wind daher, und reißt die auf der großen Oberfläche aufliegende Wolke A los —

so kann dieses Losreisen, dieses Wegheben eines ungeheuer grossen Elektrophordeckels nur von den bedeutendsten Folgen für die Anhäufung der elektrischen Materie in einer

und Entladung in einer andern Wolke . . .

d. i. für die Entstehung der Blitze und Blitzstrale sein. u. s. w.

§. 112.

Folgesätze und Erscheinungen.

I. Es ist also die sonst so weit gesuchte Anhäufung oder Erschöpfung der Wolken — oder ihre Modificirung zur Gewitterwolke — uns sehr nahe, und den Gesetzen der Elektricität vollkommen analog.

Es können mehrere entgegesetzt elektrische Wolken aneinander liegen, und keine Zeichen der Elektricität geben, solange, bis ein äußerer Umstand z. B. der Wind eine positive Wolke von der negativen trennt, und dann beide unter Blitzen wirksam macht. — Es ist auch eine solche Verbindung unter den Wolken möglich, die wir mit den Condensatoren künstlich anstellen, und so wird durch die bloße vortheilhafte Lage der Wolken das Entstehen starker Blitze begreiflich u. s. w.

III. Es leuchtet daraus ein, daß das Entstehen der **Gewitter** höchst natürlich — nothwendig sei.

IV. Es erfolgt von selbst: **Gewitter können zu allen Jahrszeiten entstehen.**

V. Weil aber

1. Die Ausdünstungen in den Sommermonaten beträchtlicher, als in einer andern Jahrszeit sind — — so kann schon um deßwillen die elektr. Materie in größerer Menge in die Atmosphäre gebracht, und der **natürliche Luftelektrophor** oberhalb den Dunstgegenden stärker angeladen werden.

2. Zur **Sommerzeit** werden die Wolken von der Sonne, die über ihnen steht, oder sonst ihre Stralen brennend auf sie wirft, vielmehr erhitzt als zu einer andern Jahrszeit: es ist also auch darum ihre Disposition zu einer **elektrischen Wolke** weit natürlicher als im **Winter** ꝛc. — Man ahnet auch

bei

bei uns allemal ein Donnerwetter, wenn die Sonne in die Wolken scheint ꝛc.

3. Ist die schwüle Hitze, welche im Sommer einem Donnerwetter vorhergeht, und alle Menschen und Thiere samt den Pflanzen ermattet, nicht der Zustand, in welchem alle Erdenkörper durch die Wärme so disponirt sind, daß sie die elektrische Materie häufiger als sonst in die Luft ausströmen? u. s. w.

* Schon **Canton** hat sich geäußert, daß die Luft, wie die Turmalin, durch die Abwechselungen der Wärme und Kälte elektrisirt werde. — **Wilke** sieht die Spitzen der Berge, an welchen gerne Gewitter entstehen, für Turmaline an, deren Elektricität durch die Hitze verstärkt wird. — Also durch die Wärme elektrisirt, ziehen sie die leitenden Dünste an, häufen sie zur Wolke an, und theilen ihnen ihre Elektricität mit: wo dann die Wolke von den Bergen abgestossen, als Gewitterwolke wirket u. s. w. y).

VI.

y) Phisik. Lex. Art. Luftelektricität.

. Die Wolken, welche hoch stehen und po= . geladen sind, werden die angrenzende Luft . die angrenzenden Wolken in den negativen Zustand setzen, die dadurch negativ gewordene Luft, oder die negativ elektrisirte Wolke wird die ihnen angrenzende Luft samt den darinn schwebenden Wolken, oder darein versenkte Erdkörper in den positiven Zustand setzen rc.: woraus erklärbar ist, warum die Blitze von Wolken zu Wolken fahren, stürzen, manchmal von dieser in die Wolken schießen u. s. w.

VII. Gewitter, welche nieder am Horizont daherziehen, und positiv elektrisch sind, müssen die angrenzende Luft samt den Körpern auf dem Erdboden in den negativen Zustand versetzen: woraus dann erhellet, warum niederstreichende Wetter ihre Blitze auf die Erde schleudern u. s. w.

Ar=

Anwendung der Gesetze auf die Verwahrungsmittel gegen das Schaden des Blitzes.

§. 113.

Unzureichende Verwahrungsmittel: I. geweihte Dinge.

Die Donnerwetter erscheinen größtentheils sehr feierlich, und ihre Phänomene sind gewöhnlich so prachtvoll, daß ihnen hierinn sonst kein Meteor gleich kommt.

Allein die Pracht eines Donnergewitters verändert sich oft in Schrecken, und das Gewitter wirkt mit dem Blitzstral, mit einem Hagel u. a. m. manchmal furchtbare Zerstörung.

Deshalb war vornehmlich der Aberglaube von jeher geschäftig, Mittel gegen das Schaden der Gewitter auszusinnen, anzuwenden und zu verbreiten. Die falschen Begriffe von der

Kraft

Kraft benedicirter Dinge vermehrte die Anzahl solcher Mittel, so unnütz sie auch waren, gar sehr.

So sah man vor Kurzem, und sieht es hie und da noch, daß man Amulete vor Fenster und Thüren hänget, mit Wetterruthen die Luft peitschet, in eine Schnecken bläßt, Wurzeln, Kräuter, Zettel u. a. m. unter allerlei Modificationen gebrauchet, und derlei Dinge und Handgriffe als bewährte Waffen und Wehre gegen die Wetterschäden in Ehren hält. Allein da besserer Unterricht den gemeinen Mann allmählig überzeugt hat, daß die Kirche an derlei Dingen nie einen Antheil gehabt, so kommen solche Sächelchen ziemlich außer Kurs.

Es stellten sich viele unter den Katholiken vor, daß die Benedictionen der Kirche, d. i. die kirchlichen Gebethe und Segenwünsche z), den geweihten Dingen eine Kraft einprägen, und dadurch zu phisischen Wirkungen geschickt machen.

Vie-

z) M. Ungrund des Hexen - und Gespensterglaubens ꝛc. Dilingen 1787. S. 73.

Viele glaubten, daß die Gewitter von einem *Principio malo* ihren Ursprung hätten, daß die sogenannten **Hexen** in der Luft ihr Spiel trieben, und darinn **Plagen** und **Ruin** für die **Kinder Gottes** auf Erden fabricirten; da meinten sie dann, daß der Klang geweihter Glocken, welcher die Region der Luftdämonen und Luftdämoninnen durchhallet, das rechte Antidotum gegen das Schaden der Gewitter wären.

Allein, daß diese Vorstellung irrig sei, wird täglich mehr erkannt.

Die **Glockenweihe** ist als eine ehrwürdige Zeremonie zu respectiren; aber ihre **Kraft** wurde durch die **Meinungen** der Menschen offenbar zu weit ausgedehnt.

Die eigentliche Bestimmung der Glocken ist, daß sie das Volk zum Gottesdienste einladen, und beim Heranziehen eines Gewitters erinnern:

> „Man müsse bethen, und um Abwendung alles Schadens mit gläubigem Herzen zu Gott flehen", a)

Deß-

a) Ungrund ꝛc. S. 87.

Deßhalb befahlen auch selbst die Bischöffe, während den Gewittern mit den Glocken bloß ein Zeichen zum Gebethe zu geben, und dann dieselben ruhen zu lassen.

Was ferner von dem Gebrauche des Lorettoglöckleins, der Osterkerze, des Ostersamstagsholzes u. s. w. zu halten sei, ist aus dem Gesagten leicht zu erachten b).

Es fehlte auch nicht an Naturforschern, die in den Glocken eine phisische Kraft, Wolken und Wetter zu vertreiben, suchten: viele meinten im Schießen gegen das Gewitter das wahre Hilfsmittel gegen den Wetterschaden gefunden zu haben. Ja, erst vor Kurzem fand die Wirksamkeit der Geschütze gegen die Wolken und die Gewitter einen starken Vertheider an Pr. Heinrich in Regensburg c).

Allein,

b) M. Unterricht von den Verwahrungsmitteln gegen die Gewitter für die Landleute. Dilingen 1784. S. 14.

c) V. B. der neuen philos. Abhandl. der Churpfalzbaier. Akademie. München 1789.

Allein, I. das Geläut der Glocken ist gegen die Gewitter offenbar kraftlos:

II. Und die Wirksamkeit des Schießens auf die Gewitter wenigstens unwahrscheinlich.

§. 114.

II. Das Geläut der Glocken hat auf Wolken und Wetter keine phisische Wirkung.

Würde das Glockengeläut eine Art von Wind — einen Luftstrom erregen, so dürfte man allerdings von dem Läuten eine Wirkung auf die Wolken hoffen. Allein das Geläut der Glocken erregt und verbreitet blos einen Schall, und der Schall verursachet keinen Luftstrom, keinen Wind.

Der Schall der Glocken hat eine schnell zitternde Bewegung der ringförmigen Fasern und Fibern der Glocken zum Grunde: das Zittern der Glockenringe wird von der elastischen angrenzenden Luft aufgenommen, und fortgepflanzt, ohne eine grössere Luftportion in Bewegung zu setzen.

Es

Es entstehen zwar **Wellen** in der Luft, allein diese Luftwellen sind **unmerklich**, und zerfließen, ohne eine **merkliche** Luftmasse von der Stelle zu treiben, oder das Gleichgewicht in der Atmosphäre zu stören.

Man stelle nur nahe an einem Thurme ein **Kerzenlicht**: es mag mit allen Glocken zusammengeläutet werden; und die äußerst bewegliche Kerzenflamme wird von den Luftwellen, welche der Glockenschall in der Atmosphäre erzeuget, nicht im geringsten von ihrer vertikalen Stellung abgelenkt.

Auch erfährt man keine Aenderung im Nebel, der den Thurm umgiebt, wenn schon darinn lange und anhaltend geläutet wird. Wie könnte nun das Glockengeläut auf die Wolken, welche **Nebel in der fernen Luft** sind, wirksam werden, da doch des Schalles Kraft im verkehrten Quadratverhältniß der Abstände abnimmt? —

Es heißt freilich: „Man hat geläutet, und das Wetter hat sich verzogen" so hieß es noch im vorigen Jahre 1790 in einer Bittschrift, womit eine Gemeinde im Augsburgischen Hochstifte bei unserer fürstlichen Regierung um das sogenannte Wetterläuten eingelangt ist; allein dieß

 Argu-

Argument mag wohl eines gemeinen Mannes; aber doch nicht eines Naturforschers würdig sein?

* Was man hie und da von der Schädlichkeit des Läutens meldet aus dem Grunde, daß die Glocken die Blitze anziehen, scheint mir nichts zu beweisen: die Glocken ziehen in gehöriger Entfernung den Blitz an, sie mögen bewegt werden oder ruhig hangen. Auch scheint mir aus der Reibung der Glocken die Schädlichkeit des Läutens nicht erprobt zu sein. — Genug, daß wir wissen, die Blitze fahren gerne auf die Thürme, und der Glöckler mache mit dem Glockenstrick eine ståte Leitung zur Erde für den Blitz, so ist die Schädlichkeit des Läutens während dem Gewitter hinlänglich dargethan.

§. 115.

III. Das Schießen gegen die Gewitter ist unwirksam.

1.

Der Schall, den eine Kanonade in der Luft erregt, ist von ganz anderer Art, als jener, den das Geläute der Glocken hervorbringt; denn

der

der Klang der Glocken ist blosser **Klang**, das Krachen der Kanonen ist **Schall von mächtiger Platzung** begleitet: beim Klange der Glocken zittern nur ganz **kleine Lufttheilchen**, beim Schießen mit Geschützen kommt eine **grosse Luftportion** in Bewegung.

Nemlich, sobald bei Entzündung des Schießpulvers der Schwefel Feuer fängt, und dieser den Kohlstaub und den Salpeter entzündet; so entsteht eine Flamme, wobei die fixe Luft in großer Menge entbunden und die gewaltige Federkraft der Salpeterdünste äußerst thätig wird d): den Augenblick wird eine ansehnliche Luftmasse mit höchster Gewalt und Geschwindigkeit von der platzenden Macht losgewordener Luft *) voneinander getrennt, die voneinander getrennte und ringsum zusammengedrückte Luftmasse schnellt vermöge ihrer Federkraft und Schwere, wieder zusammen; prellt noch einmal voneinander, schnellt wieder zusammen: und so weiter.

*) Nach Ingenhouß giebt Ein Kubikzoll Schießpulver 580 Kubikzolle luftartiges Wesen, und die Flamme, welche bei Entzün-

d) M. Abh. über das Feuer.

zündung des Pulvers entsteht, dehnt die entwickelte Luft noch um viermal aus. — s. M. Abhandl. über das Feuer.

* Die Thätigkeit der entbundenen Luft hat H. Pr. Heinrich aus der Theorie des Schießpulvers zu erweisen und zu bestimmen gesucht. Der Versuch ist gewiß rühmlich; aber die Behauptung, daß dadurch Windstösse und Luftströme entstehen, die bis an die Wolken reichen, und darinn solche Aenderung machen, daß sie sich vertheilen u. s. w. ist nicht erwiesen.

2.

Dieses wiederholte Trennen der Luftmasse und Zusammenschnellen derselben macht natürlich eine Aenderung in der Atmosphäre, die das Geläut der Glocken zu machen unfähig ist. Es läßt sich also daraus, daß es ausgemacht ist, das Läuten unter dem Gewitter sei unnütz und kraftlos, nicht so geradehin auf die Unnützlichkeit und Kraftlosigkeit des Schießens der Schluß machen. Man muß demnach die Wirksamkeit oder Nichtwirksamkeit des Schießens auf die Gewitter aus andern Gründen bestimmen.

Wäre

Wäre die Nützlichkeit des sogenannten Wetterschießens wahr und wirklich, so müßte aus zweien Eines statt haben; das Schießen müßte

A. die Gewitterwolken in ihrem Heranzuge aufhalten, dieselben zerstreuen, weg- und anderswohin lenken; oder

B. Das Schießen müßte in dem Winde, der gewöhnlich die Gewitter daherführt, eine vortheilhafte Aenderung machen.

Allein es ist weder jenes noch dieses wahrscheinlich.

3.

A. **Das Schießen mit dem Geschütze kann die Gewitter weder aufhalten, noch dieselben zerstreuen, noch sie weg- und anderswohin lenken.**

Das Aufhalten der heranziehenden Gewitterwolken, oder das Zerstreuen, oder das Ablenken derselben läßt sich nicht gedenken, außer durch die Bewegung einer großen Luftportion — durch eine Art Luftstrom, welcher sich von den Geschützen hin gegen die Wolken bewegt, und an diese hinstößt.

Allein,

Allein, ein wirksamer Windstoß einer grössern Luftmasse an die Gewitterwolken wird auch durch die lebhafteste, im Freien angestellte Kanonade nicht erzielet. Denn stehen wir auch ziemlich nahe an den Geschützen, da sie im Freien losgebrannt werden, so werden wir am Gesichte, das doch sehr reizbar ist, nicht einmal eines so starken Windstosses gewahr, als stark solchen ein ganz sanfter Wind hervorbringt.

Da nun die Bewegung in der Luft, die einen Schall oder eine Platzung hervorbringt, mit dem Wachsthum der Abstände abnimmt, und nach dem allgemeinen Gesetze der auf entfernte Räume wirkenden Kräfte, im Quadratverhältniß mit den Abständen abnimmt; so kann der Stoß einer durch Schießen bewegten Luftmasse auf die Wolken nicht anders als ganz unmerklich sein; denn angenommen, daß das Gewölke von den Kanonen nur tausend Schuhe entfernt sei, so wird der Windstoß oder der Luftdruck, der dadurch entstehen soll, auf die Wolken schon etliche hunderttausendmale schwächer sein, als er ist nahe bei dem Geschütze. — Da dann noch überdieß eine Gewitterwolke, vermöge ihres Umfanges und der Menge fremdartiger Theile, die sie mit sich führet, von sehr großem Gewichte ist: wie sollte wohl durch einen Anstoß der durch Schießen bewegten Luft eine merkliche Aenderung in den Wolken, ein Aufhalten ihres Laufes, ein Zerstreuen oder eine Lenkung derselben nach andern Gegenden möglich werden? — Der Mensch würde ausgelacht, der mit einem Blasebalge einen Nebel von dem Horizon wegschaffen, oder ihn, wie immer zerstreuen wollte; aber giebt nicht die Berechnung, daß der Eindruck einer Kanonade auf entfernte Wolken nicht kräftiger sei, als der Hauch eines Blasebalges auf eine Strecke Nebels?

4.

Entsteht ein Donnerknall, so geschieht in der Hauptsache gerade alles so, wie ich vorher das Entstehen der Aenderung in der Luft durch das Schießen erklärt habe. Das Blitzfeuer, welches aus einer Wolke in die andere fährt, verursachet eine Platzung (§. 102. IX.): es wird eine große Luftportion auseinander gestossen, und weil die angrenzende Luftmasse wegen der weiter angrenzenden nicht weichen kann, so prellt die auseinander geworfene Luft wieder zusammen, schnellt wieder auseinander u. s. w.

Nun

Nun diese durch den Blitz bewegte Luft hat nicht näher von den Wolken zu uns auf die Erde herab, als die durch das Schießen bewegte Luft hinauf zu den Wolken. Die Erscheinung des Blitzes muß daher in der Luft, die um uns her sich befindet, eben jene Aenderung machen, welche die losgebrannte Kanone auf die Luft droben in den Wolken macht; ja ein durch den Blitz erzeugter Donner muß diese Aenderung bei uns in weit höherm Grade machen. . . Und wer verspürt wohl einen Luftstoß beim Blitze und beim Donner, wenn der Wind nicht anderswoher wehet? —

Ist demnach Donnerknall und Böller = oder Kanonenschuß in der Hauptsache einerlei *); übertreffen die Donnerstreiche, welche oft Schlag auf Schlag nacheinander folgen, an Stärke weit unsere Kanonen = und Böllerschüsse, und machen dennoch keine merkliche Veränderung in der Luft um uns — keinen Windstoß, keinen Luftstrom: mit welchem Grunde läßt sich wohl vom Schießen mit Böllern oder Kanonen eine merkliche Aenderung in der höhern Atmosphäre, ein Aufhalten der Gewitterwolken, ein Zerstreuen oder Ablenken derselben erwarten? —

*) Daß zwischen dem Donner und dem Kanonenknall in Hinsicht auf die gewissen und zuverlässigen Wirkungen eine Analogie statt habe, ist doch unläugbar; — denn beider Erscheinungen gründen sich auf eine **Platzung**: und auch Rücksicht genommen auf die aus dem Pulver entwickelte Luftmenge, so kann diese keine andere Wirkung als ein Auseinanderstossen einer grossen Luftportion, als wie der Blitz erregen, aber keineswegs einen Luftstrom, einen Wind erzeugen: oder Beweise dafür! —

5.

B. Auch in dem Winde, der gewöhnlich die Gewitter begleitet, wird das Schiessen nicht wohl eine vortheihafte Aenderung hervorbringen.

Der Wind ist nichts anders als eine schnelle Bewegung einer großen Luftmasse, welche nach gestörtem Gleichgewichte in der Atmosphäre erfolget. Der Wind ist ein **Luftstrom**. Stürmt deßhalb beim Heranzuge des Gewitters ein Wind, so bewegt sich eine sehr große Masse Luft, wie ein reißender Wasserstrom nach einer Gegend hin, und nimmt alles, was ihr in der

Atmo-

Atmosphäre aufstößt, mit sich fort. — Es gehört daher zur weisen Fürsehung des Schöpfers, daß Er den Gewittern die Winde zu Gefährten gegeben, daß sie auf denselben als auf Flügeln nur recht schnell über das Unserige wegeilen, und uns nie zu sehr beschädigen können. Würde es demnach wohl gut sein, wenn wir mit unserer Weisheit die Winde schwächen, und diese Flügel der Gewitter durch Schießen lähmen könnten?

Aber es ist die Wirksamkeit des Schießens auf den Wind aus phisischen Gründen zu erforschen. — Sollte das Schießen eine vortheilhafte Aenderung in dem Winde machen; so müßte

1. ein verhältnißmäßiger, und mithin ein reissender Luftstrom, den das Schießen hervorbringen soll, dem Winde entgegen wirken;

2. den Wind tilgen, oder

3. ihm eine entgegengesetzte Richtung geben.

Allein, 1. ein verhältnißmäßiger Luftstoß gegen den Wind ist durch das Schießen nicht wohl mög-

möglich: oder wer weiß von Luftströmen, die eine im Freien angestellte Kanonade erzeugen, und nur von weitem dem reißenden Luftstrome eines heranziehenden Gewitters gleichen könnte? —

Es bleibt also auch die Tilgung des Windes, und

dessen Lenkung nach einer entgegengesetzten Richtung bloß eingebildet.

6.

Fassen wir nun alles zusammen; so ist es zwar richtig, daß das Schießen mit Geschützen Aenderung in der Atmosphäre machet, welche von jener, die das Glockengeläut hervorbringt, verschieden ist; aber diese Aenderung bleibt ohne verfängliche Wirkung auf die Wolken: dadurch werden die Gewitterwolken weder in ihrem Heranzuge aufgehalten, noch zertheilt oder abgelenkt, noch geschieht durch dieselbe in dem Winde eine vortheilhafte Aenderung. Das Schießen während dem Gewitter ist daher geradezu unnütz.

7.

Die Einwendung, daß das Schießen gegen die Gewitter allemal von gutem Erfolge gewesen, verdiente alle Achtung, wenn diese

vor=

vorgeschützte Thatsache durch richtige, genaue und vieljährige Beobachtung erwiesen wäre; allein dieß ist nicht. Man weiß auch widrige Beispiele, man weiß, daß ungeachtet der heftigsten Kanonade das Wetter mit aller Wuth ausgebrochen, und schreckbare Wirkungen hervorgebracht habe.

8.

Wendet man ein: „Wir haben geschossen, und das Wetter hat sich verzogen": so lautet dieses gerade so: „Ich habe diese Untersuchung vollendet, und es ist Abend geworden": soll aber deßhalb das Abendwerden mit Vollendung meiner Arbeit in nexu stehen? — Es können ja gar oft zwei Erfolge zusammentreffen, ohne daß einer von dem andern abhängig, oder einer des andern Ursache ist? — Es ist bekannt, daß gewisse Völker, während einer Mondesfinsterniß, klingelnde Werkzeuge anschlagen, um das schwarze Thier, das nach ihrem Wahne der Mond gepackt, zu verjagen; und denn nach der vorübergangener Finsterniß sich rühmen, daß sie diesen Wauwau mit ihrem Getöse so hübsch zurückgescheucht hätten. Wir dörfen doch nicht, wie diese Leute, denken und handeln, sonst würde dieß unserm Verstande wenig Ehre machen! —

9.

H. Pr. Heinrich beruft sich zwar auf mancherlei Facta, die den Schein der Giltigkeit haben; allein gegen alle läßt sich mit Grunde die Exception machen:

„sie konnten zufällig mit dem Schiessen eingetroffen sein".

10.

Einmal, das Wirken des Schießens auf die Wolken und die Gewitter muß so lange zweifelhaft bleiben, als lange nicht die Versuche

Aus Absicht, die Wirkung des Schießens zu erforschen,

von Naturkündigern,

oft,

in verschiedenen Gegenden,

im Freien,

mehre Jahre nacheinander — angestellt,

und unter allen diesen Bedingungen die Erfolge mit dem Schießen einstimmig befunden worden.

11.

II.

Hr. Pr. H. der Vertheidiger des Gewitterschießens, behauptet am Ende seiner Abhandlung (S. 135.), daß das Schießen die Wolken und das Wetter

weder ein unfehlbares,

noch ein zweckmäßiges Mittel sei,

nicht unfehlbar, weil das Wetter oft zu ausgebreitet, oft vom Sturme zu heftig getrieben 2c. sein kann, als daß das Schießen dagegen wirksam werden könnte . . . „unzweckmäßig, weil wir ein Mittel auffinden müssen, welches uns und unsere Wohnungen sichert, ohne doch der elektrischen Materie den Ab- und Zufluß auf unser Erdreich zu versagen. Allein das Schießen vertrieb die Wetter, und entfernte mit ihnen die elektrische Einflüsse auf die Gewächse und die Thiere.“

Aber was heißt dieß anders, als mit einer Hand nehmen, was die andere gegeben, was anders, als gerade heraussagen, das Schiessen gegen die Gewitter sei in allen Fällen unnütz? Denn soll das Schießen dort, wo es seine gewünschte Wirkung hat, und thut, die elektrische Materie, und ihre gedeihliche Einflüsse der Erde entziehen, und dieses mächtige Princip der Fruchtbarkeit, wie es H. Pr. H. nennet, von den pflanzenreichen Feldern vertreiben, so erhielte man für theures Geld auf einer Seite eine Hilfe gegen die Gewitter, aber entzöge sich anderseits einen größern Segen von Fruchtbarkeit ꝛc. Und wo wäre wohl die Unklugheit zu Hause, die sich ein größeres Uebel wählte, um ein kleineres zu vertreiben, und obendrein mit Aufwand des Geldes?

Doch diese Besorgniß ist überflüssig: es ist noch immer unerwiesen, daß das Schießen auf die Gewitter einen merklichen Einfluß habe. Lassen wir also die Kanonen als Mittel gegen die Gewitter und Wolken ꝛc. immer außer Kredit kommen: es herrscht alsdenn im Reiche der Erkenntnisse ein Vorurtheil weniger, und die Gemeinen ersparen sich Kösten:

§. 116.

§. 116.

Das zuverläßige Mittel, die Blitze unschädlich abzuleiten,

ist eine metallene Stange, die man, den Gesetzen der Elektricität gemäß, an die Gebäude anmacht — denn so eine Anrichtung führet den Blitzstral unschädlich unter die Erde, und ist mit Recht genannt ein **Blitzableiter.**

Nachdem **Winkler** im Deutschlande und **Nollet** in Frankreich gegen die Mitte dieses Jahrhunderts auf die Aehnlichkeit der elekt. Materie und des Blitzstoffes aufmerksam gemacht hatten; so gab **Franklin** der Vermuthung dadurch ein groß Gewicht, daß er die vornehmsten Wirkungen des Blitzes in seinem Zimmer nachahmte.

Um der Sache näher zu kommen, faßte **Franklin** den kühnen Entschluß die Blitzmaterie durch eine eigen dazu eingerichtete Anrichtung aufzufassen, und sie in der Nähe zu untersuchen (§. 97.).

Kaum wurde dieses Vorhaben Franklins in Frankreich bekannt, so führte es Dalibard zu Marli la ville, sechs Meilen von Paris, auf einer sehr erhabenen Ebene aus, und realisirte mit erwünschtem Erfolge den Vorschlag Franklins; denn am 10. Mai 1752. gab die Anrichtung nicht nur die gewöhnliche Zeichen der Elektricität, sondern sogar einen heftigen Schlag.

Nun war nichts mehr übrig, als ein Verwahrungsmittel wider die schädliche Wirkungen des Blitzes zu finden: und dieses fand auch Franklin; er schlug nemlich vor

a. eine eiserne Stange auf dem höchsten Theile des Gebäudes zu befestigen,

b. einen metallenen Drat mit derselben zu verbinden,

c. und bis in die Erde herab laufen zu lassen.

Wie angemessen den Gesetzen der Elektricität! — So eine Anrichtung ist einer der besten Elektricitätsleiter — mittels ihrer anziehenden Kraft auf den elektr. Stoff, und ihrer größern

An-

Annäherung an die Wolken wirkt sie stärker auf den Gewitterstoff als andere hervorragende Theile des Gebäudes — durch die Spitze wird dieser Stoff leicht eingesaugt — und mittelst der Fortleitung in die Erde hinuntergeführt.

Die ersten Blitzableiter nach dieser Vorschrift wurden 1752 zu Philadelphia in Amerika an den Häusern einiger Inwohner aufgerichtet — und 1760 hat jener am Hause des Kaufmannes West seine Probe gemacht — — ein Blitz fiel auf den Blitzableiter und schmelzte die Spitze der Stange mehrere Zoll weit ab, gieng aber ohne weitern Schaden in die Erde über.

Der Ruf von dieser Entdeckung verbreitete sich hierauf so aus, daß Amerika und Europa unzählige Blitzableiter zählet. Selbst unser Schwaben zeichnet sich allmählig hierinn aus; Fürsten, Reichsstädte, Klöster — eine Menge Privatpersonen veranstalteten Bewaffung ihrer Häuser gegen die Blitze.

Also, nachdem die Nutzbarkeit der Blitzableitungen nicht durch eine dürre Theorie, sondern durch Erfahrung handgreiflich erprobet ist:

welche ist die sicherste Art Blitzableiter anzulegen?

§. 117.

Haupttheile einer Blitzableitung.

Wir müssen drei Theile an einer Blitzableitung unterscheiden

1. den obersten Theil, der den Blitz auffaßt, den **Fänger**:

2. den mittern, der ihn fortleitet, die **Ableitung**:

3. und den untersten, der ihn in die Erde führet, die **Ausleitung**:

§. 118.

Auffänger des Blitzes.

1.

Der oberste Theil einer Blitzableitung bei gemeinen Gebäuden ist eine eiserne Stange, welche 10 — 12 — 15 Schuhe lang: und unten wenigstens $\frac{3}{4}$ Zoll dick ist: unterhalb mag

sie

rund oder eckigt sein, obenzu aber muß sie sich verjüngen und in eine Spitze auslaufen.

* Die Spitzen vor Stümpfung durch Rost zu verwahren, läßt man sie mit Gold überziehen — oder besser aus Kupfer machen, und im Feuer vergolden. So eine kupferne Spitze darf etwa nur 5 — 6 Zolle lang, und mit einem Gewinde versehen sein, um sie an der Wetterstange anschrauben zu können. Man hat in diesem Falle den Vortheil, daß sie bei erfolgter Beschädigung durch den Blitz leicht wieder abgenommen und eine andere an ihre Stelle gebracht werden kann.

** **Wilson** hat durch außerordentlich kostbare und prachtvolle Versuche die **Vorzüglichkeit** der Spitzen vor den Knöpfen zweifelhaft gemacht; allein die Erfahrungen entscheiden **für die Spitzen**. . . . diese saugen die blitzstoffreichen Wolken leer, hindern das Einschlagen, oder schwächen den Schlag des Wetterstrals. . . . Zum Belege einen Versuch: man verbinde die künstliche Wolke mit dem Conductor, und stelle sie gerade unter die Spitze des Thurmes, man drehe die Maschine: und es erfolgt kein Schlag, sondern die

Spi-

Spitze saugt die Wolke leer; wird die Spitze mit einem Knopfe zugedeckt, so erfolgt ein Schlag. — Bewegt man die Wolke schnell gegen den spitzigen Leiter, so erfolgt zwar ein Schlag, aber in weit schwächerm Grade als beim Knopfe. . . . Man hört sogar das Hineinsetzen der elektr. Materie in die Spitze, da die Wolke erst im Anzuge ist.

*** Eine einzige Spitze ist zureichend zur Erreichung des Zweckes.

2.

Die Blitzstange wird unmittelbar auf die Dachsparren nach der Bleischnur befestigt. Am untern Ende der Stange schweiset man daher Schienen an, welche etwa 2 Schuhe lang, 3 — 4 Zoll breit gemacht sind, um sie mittels dicker Schrauben an die Sparren anziehen und wohl befestigen zu können.

* Die Stange kann auch in Helmstangen Fig. 25. Taf. II. eingesetzt oder sonst an starke Körper durch Klammer und Bänder (Fig. 31. Taf. II.) fest gemacht werden.

** Auf

** Auf Thürmen kann das Kreuz, dessen Queerbalken man zufeilet, als Auffangsstange dienen.

*** Wetterhähnch, Windfähne u. d. gl. darf man nicht als Anfangsstangen gelten lassen, die Fähne rc. liegen an den eisernen Stängchen nicht genau an rc.

**** Da es manchmal unmöglich ist, die Stangen der Windfähnen, welche auf Thürmen stehen, aus der Helmstange herauszunehmen, und sie zum Blitzfänger geschickt zu machen, wie in Dilingen am Hofthurme der Fall war; so kann man die Spitzen verkleiden, und um für die Schönheit und Pracht zu sorgen, die Spitzen mit einer kupfernen und im Feuer vergoldeten Piramide zudecken, wie ich hier es veranstaltete.

3.

Die Zahl der Gewitterstangen muß dem Umfange des Gebäudes angemessen sein. — Bei mittelmäßigen Gebäuden, die in Einem fortlaufen, reicht Eine Spitze zu, die man in Mitte des Gebäudes setzen mag. — Ist das gerade fortgehende Gebäude einige hundert Schuhe lang, so müssen an den zwei Enden Auffangsstangen errichtet werden. — Besteht das Gebäude aus mehrern Flügeln, so werden an die Ecken jedes Flügels Spitzen gesetzt. — Die Stange auf dem Thurme erkleckt auch für das Langshaus, wenn dieses nicht sehr ausgedehnt ist. — Sind mehrere Thürme am Gebäude, so versieht man jeden mit einer Spitze. — Neben den Kaminen, die in den Sommermonaten geheitzt werden, stellt man ebenfalls eine Stange auf.

§. 119.

Ableitung.

1.

Eine eiserne Schiene, 5 — 6 Viertelzoll breit, und ⅛ Zoll dick, wird an die Auffangsstange genau und fest angemacht, ununterbrochen am Gebäude herabgeführt, und mit Mauerstiften oder Kloben befestigt.

* Statt der Schienen kann man dicken Eisen- Messing- oder Kupferdrat — ein Eisenstängelchen, rund oder viereckt — durchaus gesundes Nagelschmiedeisen nehmen; auch wählen einige breite Streifen von Kupfer, Blei oder verzinntem Eisenbleche. . . .

** Der

** Der Drat oder vielmehr ein Geflecht aus Drat, oder ein Eisenstängelchen muß wenigstens die Dicke eines kleinen Mannsfinger haben. Man weiß kein Beispiel, daß ein Blitz einen Drat von einer Schreibfederdicke zerschmelzt oder zerstäubt hätte.

*** Die Stätigkeit der Ableitung könnte alsdann am sichersten erhalten werden, wenn sie aus **Einem Stücke** bestünde. Da aber dieß bei hohen Gebäuden nicht möglich ist, so muß man für die **möglichst genaue Verbindung der Theile** sorgen, damit der Blitz nicht genöthigt wird, sich in die Enge zusammen zu ziehen, und Zerstörung anzurichten. — Die ununterbrochene genaue und feste Verbindung der Schiene mit der Auffangstange und ihrer Theile unter einander kann durch **Schrauben** erhalten werden. Man lochet die Stange und die Schiene zweimal Fig. 26. Taf. II., steckt zwei starke Schrauben mit platten Köpfen Fig. 27. Taf. II. nach entgegengesetzter Richtung durch, und leget auf der andern Seite eine Mutter b vor, die mit einem eigens dazu gemachten Schlüssel fest angezogen wirt. Um dem Blitzstoffe alle Hinderniß beim Uebergange wegzuräumen, lasse ich allemal zwischen die Stücke, die zusammen geschraubt werden, ein Stück Blei c legen, und die nach dem Zusammenschrauben noch hervorgehenden Theile wohl verklopfen. — Hat man statt der Schienen ein Stängchen angewandt, so wird dieses dort, wo das Anschrauben geschieht, breit geklopft (Fig. 28. Taf. II.) und alsdann wie vorher verfahren. — Im Falle, daß das Thurm- oder Kirchendach etc. aus Kupfer oder verzinntem Eisenbleche gemacht, mit diesem eine Helmstange, mit dieser ein Knopf, und mit diesem die Auffangsstange, in engste Verbindung gesetzt ist; so darf die Ableitungsschine blos an einem Ausgange des Bleches angeschraubt werden: zu dem Ende wird die Schiene breit gehämmert, und mittels 3 — 4 Schrauben mit gefüttertem Blei, genau befestigt. . . . Ist blos die Helmstange mit ununterbrochenem Metalle bekleidet, so kann die Schiene mit einem Ringe Fig. 31. Taf. II. an die Helmstange fest gemacht werden. — Die Schinen und Stangen sind gewöhnlich 10 — 12 Schuhe lang: man kann daher 2 — 3 Stücke zusammen schweißen lassen; oder man kann die Schienen und Stangen besonders auf der Eisenhammerschmidte nach Belieben

lang,

lang, daß sie noch leicht regiert werden können, machen lassen. — Die Flechten vom Drate müssen also gemacht werden, daß die einzelne Dräte in verschiedenen Längen auslaufen, und dann auf ein Paar Schuhe in einander wohl gedrehet werden. Zum Ueberfluß mag man ihre Enden an die andern fortlaufende Dräte anlöthen.

**** Die Ableitung wird an dem bequemsten Orte angemacht, dieser sei nun außerhalb oder innerhalb dem Gebäude, frei oder eingeschlossen, nahe an Thüren oder Fenstern, über Stein oder Holz oder andere brennliche Körper ꝛc. Nur darf er dort, wo der Bliz auffällt, nicht eingemauert, oder nahe an brennbaren Körpern sein. — Bei gleichen Umständen führet man die Ableitung auf der Wetterseite über den Dachgrad und am Ecke dieser Seite herunter.

2.

Man läßt die Ableitung, der leichten Hausverbesserung willen, überall 3 — 4 Zoll vom Gebäude abstehen, und giebt ihr zu dieser Absicht die beliebige Krümmungen. — Diesen Abstand erlangt man durch 7 — 8 — 9 Zolle lange ge Mauerstifte, die man in das Holz oder in die Mauer einschlägt: diese Stifte können mit einer biegsamen Gabel a, (Fig. 29. Taf. II.) versehen oder breit gehammert und gelocht sein b, (Fig. 30. Taf. II.) im ersten Falle wird die Ableitung darein gelegt, und durch Umnietung der Gabeln befestigt; im zweiten Falle werden sie mittels des Schraubens, der ohnehin durch die Schienen geht, mitbefestigt. Die Stifte letzterer Art wähle ich an hohen Thürmen, woran es nöthig ist, daß die Mauerstifte die Schiene tragen helfen.

* Die Ableitung wird bei sehr langen Gebäuden rathsam über die Gräte des Daches hingeführt, so daß die Stange 3 — 4 Zolle absteht, auch ist die Ableitung über die Kamine zu ziehen. Zu dieser Leitung aber reicht ein Stängchen von einer Fingerdicke zu.

** Der Theil der sich unten am Gebäude befindet, wird räthlich mit einer Art Kasten eingemacht, um ihn vor Beschädigung der Vorbeigehenden zu verwahren.

*** Die Isolirung des Ableiters, der Kloben ꝛc. durch Pech, Glas ꝛc. ist kostbar, immerwährenden Reparationen unterworfen —

und

und ganz überflüßig. Der Blitz strebt in die Erde, und der beste Weg dahin zu gelangen, ist das ununterbrochene geräumige Metall — und nicht die mühesam zu durchbrechende Mauer, Holz u. d. gl.

3.

Bei grossen Gebäuden müssen mehrere Ableitungen als wie mehrere Stangen gemacht .. und alle, wenn es thunlich, in **Verbindung untereinander** und mit **allen Spitzen** gesetzt werden. — Einsicht und Klugheit sind hierinn die besten Anweiser.

* Dachrinnen und die **Röhren**, welche zur Abführung des Regenwassers bestimmt sind, können als Ableitungen dienen, wenn sie **ununterbrochen**, **dauerhaft** gemacht, und mit der Auffangsstange und Ausleitung gehörig verbunden sind: Wäre die Röhre schadhaft, so müßte ein Ruthe von Metall durchgezogen werden.

§. 120.

Ausleitung.

Die Ausleitung ist ein wesentliches Stück des Blitzableiters, und auf dieselbe alle Aufmerksamkeit zu richten. Sie muß dem Blitzstoffe den möglichst leichten Uebergang in die Erde verschaffen.

Den möglichst leichten Uebergang verschaffen aber die Spitzen der metallenen Ausleitung, das Wasser im Boden, oder die feuchte Erde.

Das Stück Metall, welches in das Wasser oder in die feuchte Erde gelegt wird, sollte Blei sein; so habe ich bleierne Ausleitungen veranstaltet am Fürstl. Tax. Schlosse zu Tischingen: wo man Kosten scheuchet, mag die Ausleitung aus Eisen gemacht, aber mit einer Oelfarbe bestrichen, oder mit einem Pechüberzug versehen werden.

Ich gebe der Ausleitung die Form eines Kreuzes oder Sternes (Fig. 32. Taf. II.). Die vier Queerstangen, deren jede 2½ Schuhe lang und wohl zugespitzt ist, werden an einander geschweißt und an die Ableitungsschiene angeschraubt. In der Mitte des Kreuzes wird auf

der

der untern Seite noch ein vertikales, spitzig zugehendes Stänglein b angemacht, um der elektrischen Materie in verschiedenen Tiefen Ausgang zu verschaffen.

Die also gestaltete Ausleitung wird einige Schuhe vom Gebäude in die feuchte Erde etwa 3 Schuhe tief eingesenkt, und also gelegt, daß keine der Queerspitzen vertikal gegen das Gebäude sieht. . . Die angeschweißte Schiene wird gegen das Gebäude A B gezogen, und mit der Ableitung genau verbunden (Fig. 32.).

Gar selten ist der Fall, daß man bei einer zu veranstaltenden Blitzableitung ein Wasser, das nie versiegen darf, antrift: in diesem Falle sorge ich, daß mehrere Ausleitungen angebracht — untereinander in Verbindung gesetzt, auf solche Weise die Vertheilung des Blitzstoffes möglich gemacht, und so ihr Uebergang an mehreren Orten geschehen, und erleichtert werden kann: dieß war der Fall an der hießigen Fürstl. Residenz, an dem Fürst. Tax. Schlosse zu Tischingen, und in der Reichsabtei Neresheim: welche Gebäude auf Anhöhen stehen, und größtentheils über Felsen ruhen.

* Die Rostung des Eisens geht in freier Luft ausserordentlich langsam: wir wissen, daß die eisernen Dachfähnen 50 — 100 Jahre stehen können, ohne daß die Stängchen, woran sie sich umdrehen, vom Roste merklich gelitten haben: eine Eisenschiene läuft zwar rothbraun an, allein diese Rostung dringt nie tief in das Eisen ein. Es ist daher ein Oelüberzug an Blitzableitern eine ganz überflüßige Sache. Indessen, um die Aengstigen zu beruhigen, mag man einen Firniß über die Ableitung streichen — zu einer Maaß Leinöl nimmt man $\frac{1}{4}$ Pfund Silberglätte, $\frac{1}{8}$ Pfund Goldglätte, 2 Loth weissen Vitriol, und läßt alles eine halbe Stunde kochen.

** Sind an den obersten Theilen des Gebäudes beträchtliche Hervorragungen von Eisen, z. B. eiserne Gitter, Dachrinnen, metallene Aufsätze u. s. w. so müssen sie mit der Ableitung in Verbindung gesetzt werden.

*** Erfahrung und richtige Sachkenntniß müssen in zweifelhaften Fällen den Ausschlag geben. Es ist aus dem bisher gesagten wohl zu erachten, daß das Geschäft, Blitzableiter zu errichten, nicht jedem Handwerker, noch

weni=

weniger dem nächsten besten herumziehenden Experimentenmacher anzuvertrauen sei u. s. w.

§. 121.

Blitzableitungen an besondern Gebäuden.

Die Anlegung einer Blitzableitung an Gebäuden besonderer Art, z. B. an **Windmühlen** u. a. — an **Schildwachhäuschen**, **Schäferkarren** u. a. sind nach gegebenen Grundsätzen zu veranstalten. — Bei **Pulverthürmen** ist besonders Vorsicht zu gebrauchen. — Die Blitzableiter auf **Regenschirme**, **Hüte** u. s. w. gesetzt, gehören nach meiner Meinung eher zur **Gallanterie** als zu einem **ernsten Gebrauche**.

§. 122.

Von einer Gemeinableitung des Blitzes von den Viehheerden.

Eine Gemeinableitung des Blitzes für das Vieh wäre eine wünschenswerthe Sache. Jährlich höret man, daß die Blitze unter die Heerden fahren, und den Tod unter sie bringen. — Man könnte jedes Kreuz, deren wir viele auf dem Felde zählen, oder in deren Abwesenheit

starke

starke Stangen aus Holz in die Nähe der Viehheerden gepflanzt — mit einer hohen eisernen Spitze versehen, und daran eine eiserne Ruthe herableiten, sie umzäunen, und dann beim Heranzugs des Wetters die Heerde um dieselben herumlagern. — Der Kosten wäre für eine Gemeine äusserst gering, und die Sicherung ihres Viehes vor dem Blitze gewiß.

§. 123.

Einwürfe gegen die Blitzableiter.

1. „Man fällt durch die Blitzableiter Gott in die Arme, und thut Eingriff in sein Gericht.... Und ist es nicht verwegen, unserm Herrgott vorschreiben wollen, welchen Weg er seine Blitze hinfahren lassen solle?“

Antw. Keines aus beiden. Das Himmelsfeuer ist ein Element, wie je ein anderes auf Erden: es sagt aber kein Vernünftiger, daß die Leute Gott in das Gericht fallen, wenn sie dem Austritte des Wassers entgegen arbeiten, eine Feuersbrunst löschen u. s. w. — Hernach zeigen wir ja auch durch Dachrinnen dem Regen, und durch Ausgrabung der Erde den Bächen den Weg,

den

den sie nehmen sollen, ohne verwegen zu heissen: sollen wir nicht auch dem Blitze eine Bahn anweisen, und im ableitenden Metall einen Kanal darbiethen dürfen? . . Krankheiten kommen auch von Gott, und wir nehmen doch ohne Gewissensangst Arzeneien, um das Uebel, das doch auch nicht ohne Vorwissen Gottes kommen dürfte, wieder abzuweisen u. s. w.

2. „Es ist ein Unterschied zwischen dem Himmelsfeuer und dem Feuer der Erde — ein Unterschied zwischen Krankheit und dem Blitze; das Feuer auf Erden und die Krankheiten sind ganz natürlich; aber der Wetterstral ist eigentlich von Gott zur Strafe der Menschen geschaffen.“

Antw. Ein Gedanken, unwürdig eines Christen! — Der weiseste beste Gott hat das Donnerwetter so wie den wohlthätigen Regen, und alle seine übrigen Werke zum Wohl der Menschen erschaffen; und wenn schon der Regen manchmal Güsse und verheerende Fluthen verursacht, wie das sonst so fruchtbar machende Donnerwetter Blitze auf die Menschen und ihre Wohnungen schleudert, so hat auch hierinn der fürsorgende Gott die wohlthuendsten Zwecke: oder,

ist

ist ein durch den Blitz in Flammen gerathenes Gebäude wirklich von Gotteszorne angezündet; warum sind die Menschen so kühn diese Nachflamme mit all möglichen Anstalten zu löschen? —

3. „Die Blitzableiter ziehen die Wetter her, und machen, daß sie über eine Gegend kommen, die sie sonst vorbeigegangen wären.“

Antw. Die Gewitter bestehen aus Wolken, die wegen dem Wasser, das sie enthalten, außerordentlich gewichtig sein müssen, und die untereinander gewissermassen zusammenhängen. Nun ist's ungeräumt, zu glauben, daß die Spitze eines Ableiters die ungeheuren Massen der Wolken heranziehen. — Die Spitzen saugen blos die elektrische Materie aus den Wolken, wenn sie ihren Wirkungskreis erreichen, und leiten sie unschädlich ab; aber dieses Aussaugen kann geschehen, ohne die geringste Bewegung in dem Gewölke hervorzubringen.

4. „Der Blitz kann leicht den Blitzableiter verfehlen, und eines Nachbars Haus treffen.“

Antw. Entweder reicht der Blitzableiter bis zur Wirkungssphäre der Wolke oder nicht;

reicht

reicht er hin: so zieht er den Blitzstoff schon im weiten Abstande an sich, und schwächt dadurch gewöhnlich seine Anhäufung so, daß er nicht in einem Strale herabstürzt: geschieht es aber, daß die Anhäufung gähling, und dadurch ein Blitzschlag erfolgt, so wird der Auffänger, der schon in der Ferne auf ihn gewirkt, wohl nicht in der Nähe, gegen die Naturgesetzte, unwirksam sein, sondern ihn erfassen, und unschädlich zur Erde bringen. — Kommt aber die Spitze des Ableiters gar nicht in die Wirkungssphäre der Gewitterwolke, so ist es gerade soviel, als wäre kein Blitzableiter da. — Im ersten Falle ist daher der Blitzableiter dem Nachbar sehr nützlich, im zweiten ganz unschädlich.

5. „Es kann sich ja eine große blitzstoffreiche Wolke durch eine schmale metallene Schiene oder eine dünne Stange nicht ausleeren und erschöpfen.“

Antw. Was sein kann, läßt sich aus dem, was schon geschehen, am richtigsten bestimmen. Nie noch hat der Blitz einen Drat, der die Dicke einer Schreibfeder hatte, zusammenhängend war, und bis auf die Erde reichte, geschmolzen oder zerstört; so eine dünne Stange

könnte

konnte also die Blitzwolke erschöpfen, und ihren Stral unbeschadet ableiten. Wir machen aber die Ableitungen viel dicker, als eine Ganskiele ist. — Es kann ein sehr enger Kanal einen sehr großen Teich erschöpfen; das Nach und Nach macht so eine Erschöpfung möglich, und je geschwinder die Bewegung ist, desto enger darf der Kanal sein, durch den die Ausleerung geschieht; wäre daher die Bewegung des Wassers so geschwind, wie jene des Blitzes, so ließe sich ein ungeheurer Teich durch einen Kanal, der an der Weite eines Fingerdicke gleichkäme, gleichsam in einem Augenblicke ableiten.

6. „Die Blitzableitung kann fehlerhaft gemacht sein, oder bei Dachreparationen oder sonst bei einem Zufalle beschädigt werden.“

Antw. Diese Bedenklichkeit fällt weg, wenn man das Geschäft einem Manne von gründlicher Sachkenntniß und bekannter Erfahrung anvertrauet, und jährlich, oder des Jahres öfter die Blitzableitung in seinen Hauptheilen visitiren läßt.

7. „Die Blitzableiter kosten viel, und der Wetterstral hat bei Mannsgedenken meinem Hause — unserer Kirche u. s. w. verschont.“

Antw.

Antw. Ich habe Blitzableitungen auf Privathäuser angelegt, die über 10 Gulden nicht gekostet haben: Blitzableitungen auf beträchtliche Gebäude, als da sind: große Kirchen mit hohen Thürmen, Schlösser, Klöster von grösserm Umfange, Getreidhäuser u. s. w. fodern freilich einen Kosten von Einem zu mehrern hundert Gulden. Aber welch ein unbedeutender Aufwand, um Gebäude von ungeheurem Werthe vor Entzündung und Zerstörung des Blitzes zu sichern! — Was bei Mannsgedenken nicht geschehen ist, kann in einem Augenblicke geschehen, und einen unersetzlichen Schaden bringen. Die Stadt Göppingen, unsere Nachbarinn, hat vorher nie vom Blitze einen Schaden von Belang gelitten; und vor einigen Jahren ist sie davon ganz in die Asche gelegt worden. Und hören wir nicht jährlich traurige Beispiele von Verheerungen, welche das Himmelsfeuer anrichtet? — Sollt' uns fremder Schaden nicht klug machen?

8. „Wäre die Nutzbarkeit der Blitzableiter völlig entschieden, so könnte ihre Errichtung von Gelehrten nicht angefochten und bestritten werden, wie es doch noch in unsern Tagen geschieht.“

Antw. Alles, was den Schein der Neuheit hat, findet Widerspruch. Es ist nie in der Welt eine neue Einrichtung, ein neu Gesetz, eine neue Erfindung u. s. w. erschienen, die nicht, so nützlich und gut sie auch immer waren, Tadler und Widersacher gefunden haben. Nicht einmal die Anstalten, Fügungen und Werke des weisesten Gottes sind vom Tadel der Menschen frei. Die Tadlung einer Sache und der Widerspruch, den sie antrift, gilt also für keinen Beweis, daß sie nicht gut ist. — Es kann einer ein Gelehrter in der Theologie, in der Arzeneikunde, in der Jurisprudenz u. s. w. sein, ohne unter die Zahl der Kenner in diesem Fache zu gehören. Hört man aber auch Lehrer der Naturwissenschaft gegen die Blitzableiter sprechen, so sind sie gewiß nur solche, die ihr Lehramt gemächlich treiben, und nach alter Sitte, die Natur an ihrem Pulte studiren, ohne sich mit genauen unermüdeten Beobachtungen und Versuchen abzugeben, welches doch der einzige Weg ist, in das Heiligthum der Natur einzudringen, und ihren Gang, ihre Gesetze, ihre Triebwerke im hellen Lichte zu schauen. Und da ist denn das Urtheil solcher Leute, das aus Mangel an Kenntnissen entsteht, bei vernünftigen von kei-

nem

dem Gewichte. Man muß hierinn, wie in andern wichtigen Dingen, die Stimme der Sachkundigen hören, und die Bedenklichkeiten der Unkunde nicht achten.

Und so weiter . . . Es genüget hier die vornehmsten Einwürfe, die ich schon oft beantworten mußte, angezeigt zu haben . . . Daß ähnliche Zweifel auch anderswo erregt worden, erhellet aus **Reimarus** e), **Hemmer** f) und andern. —

§. 124.

Von einem Hagelableiter.

Vorausgesetzt, daß die elektrische Materie, welche in der Atmosphäre ihren Sitz hat, zur Bildung des **Schnees** und des **Hagels** beitrage; so ist's sehr einleuchtend, daß

durch Ableitung der Gewittermaterie auch ein Theil des Hagelsstoffes herabgeführt werde:

---

e) Vom Blitze. S. 394. rc.

f) Anleitung, Wetterableiter von allen Gattungen an Gebäuden auf die sicherste Art anzulegen. Mannheim. 1786. S. 123.

und so dürften die Blitzableiter auch Hagelableiter werden g).

§. 125.

Von einem Erdbebenableiter.

Eines der fürchterlichsten Phänomene ist gewiß das Erdbeben (terræ motus). Dr. Willian Stukelei leitet diese Erscheinung ganz von der Elektricität her h). — Dom. Andr. Bina bildet sich unter der Erde Verstärkungsflaschen von verschiedener Grösse ein: dazu formirt seine Phantasie die unterirdischen Wasserbehälter, und umzieht sie mit Schwefel und Pech i).

Bec=

g) M. Programm von einem Hagelableiter. Dilingen. 1789. — Elekrischer Versuch, wodurch Wassertropfen in Hagelkörner verändert worden, samt der Frage an die Naturforscher: Ist eine Hagelableitung ausführbar, und wo? — v. Seiferheld. Altdorf 1790.

h) Transact. 1750.

i) Ragionamente sopra la cogione de terremoti. Perugia 1751.

Beccaria machte etwas später die Vermuthung durch mancherlei Bemerkungen noch wahrscheinlicher k).

Cavallo bestätigt die Hipothese mit einem elektrischen Versuche, der aber ein blosses Spiel ist l).

Auf diese Scheine der Wahrheit gründete Abt Bertholon die Einrichtung eines Schirmes gegen das Erdbeben (Paratremblement de terre); er that einen Vorschlag, das Erdbeben abzuleiten durch eine eiserne Stange, die oben und unten mit mehrern Spitzen versehen, und tief in die Erde gegraben ist.

H. Wiedeburg wiederholte und erneuerte die Vorschläge m).

Salsano, ein Mechanikus in Neapel, verfertigte schon einen Erdbebenmesser, welchen Lichtenberg beschreibt n).

Allein

k) Lettere dell' elettricismo. Bologna 1758.

l) Lehre von der Elektricität. S. 184. und 234.

m) Ueber die Erdbeben. Jena 1784.

n) Magazin 2c. II. B. 2. St.

Allein, so sinnreich die Erfindung eines **Erdbebenableiters** und **Erdbebenmessers** ist, so unerwiesen ist es, daß die Erdbeben eine Art unterirdischer Gewitter, und ganz allein in der Erdeelektricität gegründet seien.

Wir ehren daher das Bemühen angeführter Naturforscher, der Menschheit zu nützen, und erwarten noch mehr Aufschluß über das Entstehen der Erdbeben durch die elektrische Materie, bis wir unsere Mitmenschen ermuntern „Errichtet Erdbebenschirme!“

Anwendung der Gesetze auf Verhaltungsregeln unter dem Gewitter.

§. 126.

Verhaltungsregeln.

Es ist der Fall oft, daß man sich während eines Gewitters im Freien, auf der Gasse oder im Felde, oder doch in einem Hause, das gegen den Blitz nicht bewafnet ist, befindet: und da doch jeder Mensch gegen die Wirkungen des Himmelsfeuers nicht gleichgiltig ist, so ist die Frage sehr natürlich: welche Behutsamkeit muß ich gebrauchen, um mich nicht selber in Gefahr zu begeben, sondern mir vielmehr Sicherheit zu verschaffen? —

Schon Franklin schlug zu dem Ende gewisse Verhaltungsregeln während dem Gewitter vor, und mehrere Naturforscher folgten ihm.

Allein

Allein man trieb die Sache zu weit, und die vorgeschlagenen Mittel machten mehr ängstlich, als daß sie eigentlich Sicherung verschaften; oder ist es nicht überspannt, anrathen, man solle unter einem Donnerwetter Uhren, Schnallen, Kleider mit metallenen Knöpfen ablegen, das Geld von sich geben u. s. w. um den Blitz nicht anzulocken. — Die derlei Mittel vorschreiben, kommen mir vor wie jene, welche anrathen würden, immer die Nase zuzudrücken, um nur kein Partikelchen mephitische Luft irgendwo einzuathmen.

Ich wiederhole nur einige Gesetze, nach denen der Blitz wirket, und nenne einige zuverlässige Verhaltungsregeln.

1. Der Blitz ergreift und verfolgt die leitenden Körper, so lange er kann.

Verhaltungsregel — im Hause.

Nähere dich während dem Gewitter nicht den Wänden oder Pfeilen, nicht einem eisernen Ofen, nicht den Kreuzstöcken, nicht den goldenen Stäben der Gemälde und den Tapeten, großen Spiegeln, nicht den Uhren, die in verschiedenen Theilen der Klöster, Schlösser u. d. gl.

gl. zeigen, und ihr Triebwerk im Thurme haben. Gehe nicht in Ställe, nicht in einen Keller — u. s. w.

Auf den Gassen

stehe nicht an Wasserröhren, an Mauern, an Thoren, nicht nahe an das Wasser, das von den Dachrinnen herabstürzt . . . Gehe, laufe in Mitte der Strassen. Bist du

Auf dem Felde,

suche ja nicht Schutz unter den Bäumen, am wenigsten unter Eichbäumen; auch nicht unter Getreidgarben, oder einem Heuhaufen, man vermeide die Nähe eines Wassers, Sumpfes: unter niederm Gesträuche, wo in einer Entfernung von 50 Schritten Bäume stehen, findet man die beste Sicherheit . . . Ein Reiter soll absteigen, sein Pferd an einem niedern Gesträuche anbinden, und dann in einiger Entfernung vom Pferde unter einen niedern Strauch kriechen, oder gleichwohl niedersitzen, und sich netzen lassen u. s. w. — Wer fährt, mag in der Kutsche sitzen bleiben, aber die Pferde ausspannen, und vom Wagen etwas entfernen lassen ꝛc.

2. Der Blitz geht lieber durch schlechte Leiter als durch eine dicke trockene Luftschichte.

Verhaltungsregel. — Wähle unter dem Wetter ein Zimmer, worinn nicht viele Leute sind, die durch ihre Ausdünstung die Luft leitend machen. — Halte dich in einem Zimmer auf, das hoch und geräumig ist, und setze dich frei in Mitte desselben: oder spazire durch die Mitte eines Saales u. d. gl.

3. Eine besondere Wahrnehmung. Zwei Männer suchten während einem heftigen Gewitter Schutz unter einer Eiche; einer davon stand nahe am Stamme, der andere weiter davon. Nach einer Weile empfand jener, der am Stamme gestanden, etwas, das er mir nicht nennen konnte: es that ihm so wunderlich durch den Leib, versicherte er. Nachdem ers eine kurze Weile empfunden, sagte er zu seinem Kameraden, wir wollen Ort wechseln, mich durchfährt der Wind so an meiner Stelle. Sie wechselten, und eine Minute noch, so fiel ein Blitz auf den Eichbaum, und der Mann, der seine Stelle verlassen, und sich an dem Stamme des Baumes angelehnt hatte, war todt niedergeschlagen, der andere bloß durch die Platzung

auf

auf die Erde niedergeworfen. — Dieß erzählte mir der übergebliebene Mann auf seinem Sterbebette 30 Jahre nach dieser Begebenheit. . . . Ein glaubwürdiger Mann erzählte folgendes Factum. Ein Stallbub, der die Vorspann ritt, stieg auf einmal vom Pferde: es weht mich so sonderbar an, ich kann nicht bleiben, sagte er zum Fuhrmann. Dieser drohte mit der Peitsche, und so bestieg der Bub sein Pferd wieder; aber sieh! kaum war er aufgesessen, so schlug der Blitz den Reiter und das Pferd zu Boden.

Verhaltungsregel. Weil gar der Fall sein kann, daß ein hervorragender Theil die Blitzmaterie eine **Weile vorher** einsaugt, ehe die völlige Entladung erfolgt, und diese eine widrige Empfindung erregen kann — so wechsle alsobald die Stelle, wenn dir (Furcht und Angst abgerechnet), ein **unbekanntes Gefühl** durch den Leib geht.

§. 127.

Noch einige Fragen, das Verhalten unter Gewittern betreffend.

1. **Frage.** **Ist der Zug der Luft gefährlich, kann dieser den Blitz in ein**

Haus

Haus führen? — Keines Weges. Man hat erstens davon gar keine Erfahrung; vielmehr wissen wir, daß die Blitze den größten Sturmwinden entgegen wirken. — Andertens bewegt sich der Blitz momentan: es wirkt also ein Windstoß nur eine unendlich kurze Zeit auf den Blitz — kann also, so stark er auch angenommen wird, keine merkliche Aenderung in seiner Richtung hervorbringen.

2. Frage. Darf man Fenster und Thüren öffnen unter dem Gewitter? Allerdings. Weil aber der Regen durch ein offenes Fenster eindringen, oder der Sturm unangenehme Wirkungen im Zimmer machen kann; so ist es rathsam, die Thüre statt der Fenster stets offen zu halten.

3. Frage. Darf man laufen auf der Gasse, im Felde ꝛc. unter dem Gewitter? Ja, man streift nur dadurch immer die Atmosphäre von sich ab, welche die Ausdünstung verursachen kann u. s. w.

* Reimarus vom Blitze ... Hemmer Verhaltungsregeln, wenn man sich zur Gewitterszeit in keinem bewafneten Gebäude befindet ꝛc. Mannheim 1789.

An-

Anwendung der Gesetze, auf die Manipulation bei Heilung der Kranken.

§. 128.

Einleitung.

Wird die Elektricität auf Heilung der Kranken angewandt, so giebt man ihr den Namen der medicinischen Elektricität.

Von der Anwendung der Elektricität auf Heilung der Kranken, und ihren medicinischen Kräften sind ganze Bücher geschrieben worden o), und es scheint, daß es mit der Elektricität, wie mit allen neuen Arzneien geht. Es giebt

Aerz-

o) Memoires de la Societé Rogali de Medicine, année 1777 et 1778. — Abts Bertholon Preisschrift über die Elektr. nach medicin. Gesichtspunkte betrachtet. Aus dem Franz. rc. Bern 1781. — Cavallo Versuch über die Theorie und Anwendung u. a. m. der medicin. Elektricität von Wilh. von Barneveld. Aus dem Holländ. Leipzig 1787. rc.

Aerzte, welche zu viel, und einige, die zu wenig daraus machen.

Der Vollständigkeit willen, setze ich nur so viel von der Anwendung der Elektricität auf Kranke her, als dem Phisikus eigentlich zu wissen nothwendig ist, und jenen, die von meinen Schülern einst Aerzte werden, nützlich sein mag.

§. 129.

Die Methode Kranke zu elektrisiren schränkt sich auf sechs Grade ein.

1. Versetzt man den Kranken bloß in Verbindung mit einem elektr. Conductor — in das sogenannte elektrische positive oder negative Bad.

2. Läßt man durch Annäherung metallener Spitzen die elektrische Materie aus den kranken Theilen aus- oder einströmen.

3. Wird das Aus- oder Einströmen durch stumpfere hölzerne Spitzen an den kranken Theilen bewirkt.

4. Zieht der Experimentator kleine Funken aus dem Kranken, etwa mittels eines runden Brettleins, das man mit Stanniol, hernach mit Flanel überzieht, und das Barneveld von seiner Wirkung her, den Stecher (Fig. 36. Taf. II.) nennt p).

5. Lockt man aus dem Kranken starke Funcken.

6. Endlich läßt man durch die kranken Theile schwache Schläge.

§. 130.

Nöthiges Geräth rc.

Um diese Grade der Elektricität anzuwenden, bedarf man 1. einer sehr guten Elektrisirmaschine, die die positive und negative Elektricität im hohen Grade erzeugt. — 2. Eines wohl eingerichteten Conductors; 3. einiger dicken Dräte von verschiedener Länge; — 4. einiger metallener und hölzerner Spitzen, und des Stechers; 5. eines guten Isolatoriums; etwa eines Lehnsessels, der sich an seidenen Stricken Schuhe hoch über die Erde in die Höhe ziehen

p) S. 5. der medic. Elektr.

hen läßt. — Die Stricke darfen nur etwa Eine Elle lang — zunächst am Sessel — aus Seide sein, an diese mögen hämpferne angeknüpft werden.

§. 131.

Manipulation.

1. Wird eine kranke Person in den Sessel gesetzt, in die Höhe gezogen, und mit dem Conductor in Verbindung gesetzt, so befindet er sich im elektrischen Bade.

2. Nähert man, während daß sie mit dem Conductor in Verbindung ist, die Spitzen auf einen Zoll gegen die kranken Theile, so geschieht die Elektrisirung durch die Spitzen.

3. Fährt man mit dem Stecher über den bedeckten kranken Theil, so entstehen unzählige kleine stechende Fünklein.

4. Werden größere Knöpfe den Kranken Theilen genähert, so werden große Funken erzeugt.

5. Verbindet man endlich das eine Ende des kranken Theils mit dem äußern Belege einer

schwach

schwach geladenen Verstärkung mittels eines Drates, und bringt man an das andere Ende des kranken Theils einen Drat, mit dem der Experimentator den Knopf des innern Beleges berühren kann; so erfolgt ein Schlag, und zwar nur durch den kranken Theil; so bald der Drat zur Berührung des innern Beleges gebracht wird.

* Die Handgriffe gründen sich auf die Gesetze, die wir im ersten Theile festgesetzt haben; dieselben werden auch praktisch in der Vorlesung gezeigt.

§. 132.

Heilkraft der Elektricität.

Die von Hr. Madnit q), Barneveld r) u. a. m. angestellten Curen waren nicht alle von gleich gutem Erfolge: einige Kranke wurden ganz, einige halb, einige gar nicht geheilt, einige dauerten die Cur nicht aus.

In-

q) Mem. 1777 — 78.
r) Medic. Elektr. S. 86.

Indessen soll nach Hr. Michel, Doctor zu Amsterdam s), dieß ein zuverläßiges Resultat der gemachten Versuche sein. —

Daß die Elektricität unter die Hilfsmittel gehöre, welche

a. unsere Nerven und Muskelnfieber stärken,

b. ihre Wirkung vermehren,

c. die Ausdünstung befördern,

d. die scharfen Materien vertheilen, und nach der Oberfläche des Körpers führen, und

e. indem sie unsern Körper etwa durch den elektrischen Stoß in eine heftige Bewegung, auch auf die Seele wirken.

* Die starke Beschleunigung des Pulses, die man bei elektrisirten Personen wahrgenommen haben will, ist mehr der Furcht, oder der Verlegenheit, in welche der elektrische Apa-

s) Barnev. med. El. S. 67. x.

parat und seine Erscheinungen setzen, als der elektrischen Materie zuzuschreiben. Nach der genauen Verzeichniß der Pulsschläge vor, während, und nach der Elektrisirung des Hr. Barneveld t) ist die Beschleunigung des Pulses gar nicht so beträchtlich, daß sich daraus Folgen ziehen ließen: die positive Elektricität vermehrt nach den Beobachtungen des Barnevelds die Anzahl der Pulsschläge, die negative vermindert sie in etwas.

§. 133.

Fälle, worinn die Elektricität als Heilungsmittel dient.

Als Heilungsmittel mag die Elektricität nach eben dem Hr. Dtr. Michel v) in folgenden Fällen angewandt werden.

„a. Wenn sich ein Mangel des Gefühls oder der Bewegung in einem Theile findet, oder lieber, wenn die Nerven = oder Muskelfaser ihre natürliche Wirkung zu äußern weigert.“

 „b.

t) Barnev. S. 48.

v) Barnev. S. 68.

„b. Wenn der eigene und natürliche Reiz nicht vermögend genug ist, die reiz- und fühlbaren Theile in Wirkung zu setzen."

„c. Wenn die Hautnerven durch diese oder jene Ursache ihre Wirkung verloren haben, sie wieder in den gehörigen Zustand zu versetzen.

d. Wenn eine tiefer liegende scharfe Materie die Ursache von dem Unvermögen eines Theiles ist. — In diesem Falle wenigstens wird die Materie öfters von dem kranken Theile nach der Haut abgeführt."

„e. Wenn eine Schärfe, in einem oder dem andern Theile verhaltene Materie, die Ursache vom Unvermögen dieses Theils ist. — In diesem Falle ist wenigstens die Vertheilung dieser scharfen Materie nothwendig."

§. 134.

Cautelen.

1. Es hat dieß die elektrische Materie mit allen antispasmodischen, schmerzstillenden,

reizenden, herzstärkenden ꝛc. Mitteln gemein, daß sie nemlich dem Kranken in vielen Fällen heilsam sind, wenn sie von einer geschickten Hand, vorsichtig, und gehörig gebraucht werden; daß sie aber in den Händen eines ungeschickten als so viele Gifte anzusehen sind.

2. Die elektrische Materie kommt mit allen schmerzstillenden Mitteln darinn überein, daß sie in Menschen, die ein zu zartes Nervensistem haben, ihren Namen verlieren, und statt der gewünschten Wirkung fürchterliche Zufälle hervorbringen kann.

3. In Fällen, wo die Elektricität recht angewandt gute Wirkung thut: ist sie als ein heroisches Arzneimittel anzusehen, das man nur nach dem Versuchen anderer gepriesener Hilfsmittel gebrauchen muß.

4. In diesen Fällen muß man allemal zuerst von dem geringsten Grade der Elektrisirung Gebrauch machen, und nur nach und nach zu dem Funkenziehen und Mittheilen der Schläge übergehen.

5. In Krankheiten, worinn die Reizbarkeit und Bewegung zu heftig oder unordentlich wirken,

ken, oder die von gehinderter Ausdünstung abhangen, ist die beste Elektrisirmethode — das elektrische Bad. Das Funkenziehen ist als ein ableitendes — und das Stoßgeben als ein vertheilendes Mittel zu gebrauchen.

6. Die negative Elektricität kann einem zarten Nervensystem, als wie die positive gleich gefährlich werden.

7. In Fällen, wo zu befürchten ist, der Krankheitsstoff werde durch das Elektrisiren in edlere Theile gesetzt, ist dieses Heilsmittel durchaus nicht zu gebrauchen w).

§. 135.

Schlußanmerkung zur medizinischen Elektricität.

Woraus sich nun von selbst ergiebt, daß zu einer electrischen Cur etwas mehr erfodert werde

als eine Maschine, die schlägt,

und eine Person, die die Schläge aushält...

Daß

w) Barnev: S. 69.

Daß das Elektrisiren nur als ein **Nothmittel** nach schon versuchten andern Mitteln müsse angewandt werden; und daß ohne **Zuziehung** eines **geschickten Arztes** so leicht keine Cur mit der Elektricität vorzunehmen sei.

* Die **Dauer** des elektrischen **Bades**, die **Zeit** des elektrischen **Ein**- und **Ausströmens**, die **Zahl** der **Schläge** u. d. gl. sind, wie mich dünkt, vom Arzte zu bestimmen.

§. 136.

Kurze Geschichte der Elektricität.

Priestlei sammelte die Anfänge, und die Fortschritte der menschlichen Kenntniß von der Elektricität bis auf seine Zeit: und da erhielten wir durch ihn ein sehr schätzbares Werk: „Geschichte und gegenwärtiger Zustand der Elektricität" x). Seit der Zeit aber nahmen die Entdeckungen in der Elektricität also zu, daß ein zweiter Band erscheinen durfte.

Ich berühre nur die **vornehmsten Epochen** in dieser Geschichte; mache nur die beträchtlich-sten

x) Von D. Krünitz übersetzt. Berlin 1772.

sten Erfindungen und ihre Urheber namhaft, und füge dann auch die vorzüglichsten Lehrmeinungen von den Ursachen der elektrischen Erscheinungen bei.

§. 137.

Entdeckungen rc.

Wenn je die menschliche Kenntniß von kleinen und geringfügigen angefangen, mit Fortgange und Stillstand gewechselt, und endlich durch vereinten Menschenfleiß in Einholungen der Erfahrungen und im Versuchemachen sich auf einen außerordentlichen Grad vervollkommnet hat, so ist es gewiß die Erkenntniß der Elektricität.

1.

Thales von Mileto, einer der sieben Weisen Griechenlandes, hatte etwa 600 Jahre vor Christi Geburt, am ersten das Anziehen des **Bernsteins**, den er von ohngefehr rieb, wahrgenommen.

300 Jahre nachher führt **Theophrast**, einer der besten Phisiker damaliger Zeit, nebst den Bernstein den **Linkurer**, (nach **Watson**) den **Turmalin**, als einen Körper an,

der

der die Eigenschaft hätte, Strohhalme, Holzspäne, und Metallblättchen an sich zu ziehen.

Plinius, Strabo, Plutarch, u. a. m. haben die Kraft des Bernsteins auch am Gagat bemerkt.

2.

Erst mit Anfang des vorigen Jahrhunderts bereicherte die Kenntniß der Elektricität mit Zusätzen von Belang William Gilbert, ein englischer Arzt. Er fand der erste mehrere Körper elektrisch, benanntlich: Glas und verglaste Massen, die meisten Edelsteine, den Schwefel, das Siegellack, und das Geigenharz; und gab das Reiben als ein Mittel an, die Elektricität in den eben erwähnten Körpern zu erregen.

3.

Otto Guerike, der durch Entdeckung der Luftpumpe so berühmte deutsche Naturforscher, bemerkte nicht nur das Anziehen, sondern auch das Abstossen der elektrischen Körper, wurde des elektrischen Lichtes gewahr, hörte das Prasseln der elektrischen Fünkleins, und gab mit Reibung einer Schwefelkugel den ersten

Wink

Wink zur Entdeckung der Elektrisirmaschinen.

Boile, ein Nacheiferer und Zeitgenoß des Guerike, vergrösserte 1670 das Verzeichniß elektrischer Körper, entdeckte, daß sich die Elektricität auch im luftleeren Raume erwecken lasse, und daß Wärme und Trockenheit der elektrischen Kraft sehr förderlich sei. u. s. w.

4.

Nach einiger Zwischenzeit, während welcher die Untersuchungen über die Elektricität unterblieben, machte 1708 D. Wall durch seine Experimente und neue Bemerkungen die Naturforscher von neuem wieder auf die elektrische Kraft aufmerksam. Er entdeckte ein Licht am geriebenen Siegellack und am Diamant, und zog daraus den Schluß, daß alle elektrische Körper natürliche Phosphore wären. — Er verglich schon das elektrische Licht mit dem Blitze, und das dabei gehörte Knistern, dem Donner.

Im Jahre 1709 machte Hawksbee seine Versuche bekannt. Dieser Naturforscher entdeckte das Leuchten des Quecksilbers, nach seinem Ausdrucke den merkurialischen

Phos-

Phosphorus, in dem Barometerröhrlein, bemerkte, daß einige elektrische Körper im luftleeren Raume ihr Licht freier verbreiten; stellte Versuche mit Kugeln aus Siegellack, Schwefel, Harz und Glas an, und bediente sich am ersten einer Maschine zum Umdrehen, in deren Anwendung er aber keine Nachfolger hatte.

Nach diesen Fortschritten der Elektricität, einer Ausbeute hundertjähriger Untersuchungen, erfolgte ein Stillstand von 20 Jahren. Es wurden nemlich die Entdeckungen Newtons von dem Lichte bekannt, und dadurch die ganze Aufmerksamkeit der Naturforscher von der Elektricität abgezogen, und auf diese gerichtet.

5.

Vom Jahre 1728 bis 1735 erhielt dann wieder die elektrische Kenntniß wichtige Zusätze von Stephan Grai, einem Privatgelehrten in Großbritannien. Grai entdeckte, daß sich Körper auch durch die Mittheilung elektrisiren lassen; kam darauf, metallene Cilinder an seidenen Schnüren aufzuhängen, und Funken aus isolirten Menschen, und aus Wasser zu locken; er wärmte Haare, Seiden, Leinen, Wollen, Papier, Leder, Holz, Pergament,

ment, und Rindsdarm, worinn Goldblättchen geschlagen worden, und machte sie durch Reiben elektrisch. — Er äußerte mit Hales die Vermuthung, daß die elektrische Materie mit dem Blitzstoff wohl einerlei Natur sein dürfte.

Du Fai, Intendant des Königl. Französischen Pflanzgartens, und Mitglied der Pariser Akademie, wiederholte die Versuche des du Grai in Frankreich, und vermehrte sie vom Jahre 1733 bis 1737 gar sehr. Du Fai machte die wichtige Entdeckung von dem Unterschiede der Elektricität des Glases und des Harzes, und führte die, freilich etwas unbestimmte Benennung ein „Glaselektricität und Harzelektricität“: er hielt diese Elektricitäten für verschiedene, aber nicht für entgegengesetzte: u. s. w.

6.

Nollet war Beihelfer bei den Versuchen des du Fai, und machte selbst sehr viele Experimente. Er hat bemerkt, daß das Elektrisiren die Evaporation leichtflüßiger Massen befördere, den Umlauf des Nahrungssaftes in den Gewächsen beschleunige, und die unmerkliche

Aus-

Ausdünstung der Thiere vermehre 2c. — machte mit besonderm Nachdrucke aufmerksam auf die Aehnlichkeit der elektrischen Materie mit dem Blitze; und schrieb schon eine Theorie 2c.

D. Desaguliers führte die bisher angestellten Versuche auf allgemeine Gesetze zurück in der 1742 von der Akademie zu Bordeaux gekrönten Preisschrift: Sur l'electricité des corps; er führte zuerst die Namen ein: „Leiter, Conductor, und an sich elektrische Körper".

7.

Eben um diese Zeit fiengen die Deutschen an, sich durch wichtige Entdeckungen um die Elektricität verdient zu machen.

Hausen, Professor der Mathematik zu Leipzig, nahm die von Hawksbee unvollendete Elektrisirmaschine wieder vor die Hand, und richtete sie zum bequemen Gebrauche ein.

Bose, Professor der Phisik zu Wittenberg, Ludolf in Berlin, Pr. Winkler in Leipzig, Pr. Gordon in Erfurt, Gralat in Danzig, u. a. m. verstärkten mittels der Elektrisirmaschine die Elektricität auf einen vorher nie gesehenen Grad.

Lu-

Ludolf entzündete zuerst 1744 Vitrioläther durch den elektrischen Funken.

Prof. Winkler schloß am ersten mit Zuversicht auf die Aehnlichkeit der elektrischen Materie mit dem Blitzstoffe, in seiner Abhandlung von der Stärke der elektrischen Kraft des Wassers in gläsernen Gefässen. 1746 Leipzig, und fügte bei, der Unterschied zwischen beiden bestünde blos in den Graden der Stärke.

Bose hat den Dampf von schmelzendem Schießpulver durch die elektrische Materie brinnend gemacht.

Gordon verstärkte die elektrische Funken also, daß man sie vom Kopfe bis auf die Füsse empfinden konnte ꝛc.

Gralat entzündete den Rauch eines verloschenen Lichtes ꝛc. u. s. w.

8.

Am Ende des Jahres 1745 wurde der allerauffallendste elektrische Versuch, der elektrische Schlag oder Explosion bekannt. Die Entdeckung geschah eigentlich durch Herrn

Cunäus von Leiden: woher der Name Leidnischer Versuch.

Weil H. von Kleist, Dechant des Domkapitels in Camin, am ersten Nachricht von einem ähnlichen Versuche gegeben, hat das Experiment auch den Namen „Kleistischer Versuch" erhalten. Ein Zufall, der schrecklicher, als er war, geschildert worden, gab zu dieser unerwarteten Erscheinung Anlaß.

9.

Durch die Entdeckung des elektrischen Schlages wurde der Eifer, elektrische Untersuchungen anzustellen, aufs neue angefacht. Im Jahre 1747 machte Watson seine Entdeckungen bekannt, er bewies durch Versuche, daß die geriebenen Körper ihre Elektricität nicht aus sich hervorbringen, sondern aus dem Reibzeuge sammeln; daß isolirte Körper nur schwache Elektricität geben; daß die elektrische Materie sich mit so großer Geschwindigkeit bewege, daß sie einen Drat von 12,276 Schuhe Länge in einem Augenblicke durchlaufe. u. s. w.

10.

Mit dem größten Scharfsinn verfolgte die elektrische Untersuchungen D. Franklin zu

Phi=

Philadelphia. Er ordnete die elektrische Erscheinungen, und schrieb eine Theorie, die sich in Vielem noch bis auf unsere Zeit erhalten hat. Franklin machte die bedeutende Anwendung auf Erklärung des Blitzes; machte die ersten Elektricitätszeiger, und that den kühnen Vorschlag, den Blitz aus der Wolke zu holen, und führte ihn aus. Die Entdeckungen dieses berühmten Mannes, deren außerordentlich viele sind, fallen in die Jahre 1747 — 1754. Seine Briefe von der Elektricität kamen zu Leipzig 1758 von **Wilke** übersetzt heraus.

11.

Um eben diese Zeit machten sich in Erweiterung elektrischer Kenntnisse berühmt:

Canton in England,

Beccaria in Italien,

und Wilke in Berlin.

Canton machte eine der wichtigsten Entdeckungen 1753 — die **elektrische Wirkungssphären**.

Wilke bestimmte die Gesetze der Wirkungssphären in der Abhandlung de electricitatibus contrariis. Rost. 1757.

Bec=

Beccaria schmolz durch die elektrische Explosion am ersten Metalle, verkalchte sie, und reducirte sie wieder, machte Versuche über das elektrische Licht, untersuchte die Elektricität der Atmosphäre, und fand sie am ersten bald positiv bald negativ. u. s. w.

12.

Im Jahre 1759 machte Simmer seine Versuche mit geriebenen seidenen Bändern, welche Cigna weiter fortgesetzt, bekannt.

Von dieser Zeit an häuften sich die elektrischen Versuche so sehr, daß es hier zu weitläuftig wäre, ihrer zu erwähnen: ich füge nur das Vorzüglichste noch bei.

13.

Durch Herbert, Prof. in Wien, kamen die Conductorn zu grosser Vollkommenheit (Theoria phœnom. elect. Viennæ 1778.)

Bei der Untersuchung der elektrischen Wirkungskreise schloß aus einigen Erscheinungen Beccaria auf eine sich selbst wieder herstellende Elektricität, electricitas vindex, und suchte sie mit Franklins Theorie zu vereinigen.

Volta widersprach dem H. Beccaria, und gerieth 1775 auf die schöne und brauchbare Erfindung des Elektrophors.

14.

Im Jahre 1778 wurde die Entdeckung der Luftelektrophore gemacht aus Leinwand, Tuch, Papier, Leder, Holz u. a. m. und nachher 1781 aus Katzenpelze, Glas 2c. —

15.

Prof. **Groß** in Stuttgard machte 1779 seine Entdeckung der elektrischen Pausen bekannt.

16.

1782 machte **Volta** die Entdeckung eines elektrischen Condensators.

17.

Im Jahre 1785 wurde von **Cutberson** die Scheibenmaschine, welche alle bekannten Maschinen an Grösse und Stärke weit übertrift, und in ihren Wirkungen dem Blitze sehr nahe kommt, verfertigt, und im Teilerischen Musäum zu Harlem aufgestellt.

18.

Von einem außerordentlichen wirksamen Condensator aus Glas, von dem Verdoppler des **Bennet**, und von seinem Goldblättchen-Elektrometer, von dem Collector des Cavallo, von Verbesserung der Reibzeuge und Verstärkung der Elektricität durch **Cutberson** 2c. und von andern neuen Entdeckungen geschah Meldung in diesem Buche.

§. 138.

§. 138.

Meinungen ꝛc.

1.

Thales, welcher den Ägtstein kleine Körperchen anziehen sah, faßte die Meinung, daß dieses Minerale wohl beseelet sein müsse.

2.

Da man zu den Zeiten des Gilberts und des Boile's noch keine andere Wirkungen der Elektricität kannte, als das Anziehen, Abstossen, und das Leuchten derselben im Dunkel; so erklärten sich diese Naturforscher die elektrischen Erscheinungen durch öligte und klebrichte Ausflüsse. Sie dachten sich diese Ausflüsse um die elektrischen Körper her angehäuft, und nahmen dadurch Anlaß, den Ausdruck zu gebrauchen „elektrische Atmosphäre“.

3.

Newton erklärte das Hinfliegen der leichten Körper an die elektrischen, als wie die Schwere durch das Anziehen ꝛc.

4.

Du Fai nahm zu Wirbeln seine Zuflucht, die nach seiner Vorstellung um den elektrischen Körper her ihr Spiel treiben.

5.

Boulanger wurde durch das elektrische Licht, durch den Phosphorusgeruch desselben u. a. auf die Idee geführt, daß die elektrischen Erscheinungen ein eigen Princip zum Grunde haben, und erklärte es für die feinern Theile der Atmosphäre, welche sich beim Reiben, nach Wegschaffung der gröbern Theile auf den Oberflächen der Körper anhäuften.

6.

Nollet bewies das Dasein einer elektrischen Materie, und behauptete, daß sie feiner als die Luft sei, sich in geraden Linien bewege und Atmosphären um die elektrischen Körper her bilde; — aus dem Körper aus, und aus der Luft in denselben einströme, so daß die Ausflüsse der elektrischen Materie aus wenigen Punkten, die Zuflüsse aber nach allen Punkten geschehen; — bei starker Elektrisirung sich diese Ströme begegnen und durch den Stoß ihrer Stralen sichtbar werden u. s. w.

Zwischen den Elektricitäten des Glases und des Harzes erkannte **Nollet** keinen andern Unterschied, als daß jene stärker und diese schwächer sei.

Die Erschütterung durch die Verstärkungsflasche erklärte **Nollet** durch ein Zusammen-

stoßen

stossen zweier elektrischer Ströme, deren einer von dem innern Belege, der andere vom äußern herkomme.

Er nahm an, man könne auch isolirte Flaschen laden; und durch den Versuch, den er mit dem Conductor, der in einer luftleeren Flasche eingesetzt war, verführt, behauptete er, zur Entladung wäre die Verbindung der innern Seite mit der äußern nicht nothwendig u. s. w.

7.

Die Entdeckung der Leidnerflasche brachte **Watson** auf die Entdeckung, daß eine geriebene Glaskugel ihre Elektricität aus dem Reibzeuge herausziehe, und dieß führte ihn auf die Idee der **Plus**= und **Minuselektricität**.

8.

Franklin hatte inzwischen die nemliche Bemerkung, wie **Watson**, gemacht: er schloß aus dem Versuche, den er mit zwei isolirten Personen angestellt, daß eine von beiden das gebe, was die andere erhält, und daß also von hergestelltem Gleichgewichte eine ein grösserś, die andere ein kleiners Maaß von elektrischer Materie gehabt habe. Dieß gab ihm Anlaß, die eine die **positive**, die andere die **negative** Elektricität zu nennen.

Er

Er nahm folgende Sätze an:

1. Durch die ganze Welt sei eine einzige feine Materie verbreitet, die den Grund aller elektrischen Erscheinungen enthält.

2. Die Theile dieser Materie stossen sich ab, werden aber von allen Körpern angezogen.

3. Jeder Theil eines Körpers kann einen Theil dieser Materie enthalten, ohne daß sie sich auf seine Oberfläche anhäufen muß. Hat nun der Körper gerade diese Menge, so ist er nicht elektrisirt;

4. Hat er mehr, als diese natürliche Menge, so ist er positiv;

5. Hat er weniger, so ist er negativ elektrisirt.

6. Alle elektr. Erscheinungen entstehen wegen zerstörtem Gleichgewichte durch Uebergang oder durch proportionirte Vertheilung dieser Materie.

7. Um elektrisirte Körper her befinden sich elektrische Atmosphären — Ausflüsse, die sich um den Körper her angehäuft haben.

9.

Nollet bestritt das Sistem Franklins, aber ohne Verfang.

10.

Simmer führte die Vermuthung von zwei elektrischen Materien ein, die sich einander sehr stark anzögen; die Theile einer jeden aber sich einander abstießen.

Nach

„Nach **Simmers** Hipothese sind die positive und negative Elektricität zwei verschiedene Materien, die untereinander die stärkste chemische Verwandtschaft haben, einander in weiten Abständen anziehen oder binden, und beim wirklichen Uebergange einander sättigen können: im übrigen stimmt die Simmerische Theorie mit jener Franklins ziemlich genau überein.

11.

Die Meinung Simmers fand großen Beifall, und erwarb sich viele Anhänger, die es sogar wagten, die zweierlei elektrische Materien namhaft zu machen.

12.

Wilke nannte die eine Elektricität **Säure**, die andere **Feuer**.

13.

Prof. **Ratzenstein** (Vorles. über die Experim. Phisik. Kopenh. 1781.) heißt die Pluselektricität die acide, und die Minuselektricität die **phlogistische**, und leitet die Erscheinungen von den Dunstkreisen her, die aus den Körpern getrieben, und in eine zitternde Bewegung gesetzt werden.

14.

H. **Karsten** (Anleit. zur gemeinnützlichen Kenntniß der Natur) hält den Stoff der positiven Elektricität für reine mit Elementarfeuer gesättigte Luft, jenen der negativen für das an eine zarte Säure gebundene Phlogiston.

15.

Forster (Crell's neueste Entdeckungen. 12. B.) vermuthet, daß die positive Elektricität Feuer oder Wärme, die negative Brennbares sei.

§. 139.

Schluß.

Ich beschließe mit dem Urtheil, das sich ganz auf die Denkgesetze gründet: „Die zwei verschiedene elektrische Principien sind nicht erwiesen, und keine einzige elektrische Materie, die nach den chemischen Verwandtschaftsgesetzen wirket, reicht zu, alle und jede Erscheinungen befriedigend zu erklären: folglich ist es der Philosophie ganz gemäß, die Simplicität der Natur, das Lex minimi, auch hier zu respectiren, und blos entgegengesetzte nicht verschiedene Elektricitäten anzuerkennen" (§. 12.).

Erklä-

Erklärung der Kupfertafeln.

I. Tafel.

Fig. 1. Eine Rahme, in der ein Katzenpelz an seidenen Schnüren isolirt aufgehängt ist: aus dem ein angenäherter Knöchel ein elektrisches Feuerknötchen herauslocket.

Fig. 2. Eine Rahme, über welche eine Leinwand ausgespannt ist, der ein angenäherter Knöchel die elektrische Materie in Conusgestalt mittheilt.

Fig. 3. Die Achse zur Haspelmaschine, in derer Mitte die Stralen mit dem Ankerhacken eingesetzt sind.

Fig. 4. Ein Isolatorium von seidenen Stricken, welche mittels Rädleins a, bei b durch Umdrehen angespannt werden können. (Das Rädlein ist mißzeichnet).

Fig. 5. Die Haspelmaschine, wie sie gerad angesehen wird. (Der Fuß und die Rahme m n o p sind mißzeichnet).

Fig.

Fig. 6. Eine Verstärkung; p q ist eine seidene Schnur, die abgelöset, und dadurch die Communication des innern Beleges mit dem Knopfe a aufgehoben werden kann; denn wird die Schnur von q abgelassen, so fällt das Kettchen, das von innen bei p an das Schnürchen angemacht ist, hinab, und unterbricht also die Verbindung des innern Beleges mit dem Knopfe a; — sperret auf eine gewisse Art, isolirt die elektr. Materie, wenn sie von innen angehäuft worden.

Fig. 7. Ein Zuleiter, f g ist eine gegossene Glassäule, auf welcher die messinge Kappe f d angemacht ist, auf welcher ein Stängchen mit dem Einsauger sitzt, die mittelst der Gewinde d und c mancherlei Bewegungen fähig ist.

Fig. 8. Ein Conductor aus Holz und Silberpapier überzogen, und an seidenen Stricken an der Zimmerdecke aufgehängt ist.

Fig. 9. Ein Funkenmesser, der auf einem Stativ steht, und beim Gebrauche diese Anrichtung hat: Man hängt vom Conductor ein Metallstängchen mit einem messingen Knopfe b herab; gerade unter diesen Knopf setzt man den stumpfen Conus a, der an einem Messingstäbchen

chen, worauf eine Scala gezeichnet ist, auf und abgeschoben und durch eine Schraube festgemacht werden kann. Das Stäbchen berührt immer eine metallene Fütterung, die unten bei m mit dem Bodendrat n o p q in Verbindung gesetzt werden kann. Der Knopf b ist der Mittelpunkt der Ringe a, b, c, d: die gedupften Kreise stellen die + E die weißen — E in der angrenzenden Luft vor.

Fig. 10. Eine Glasmaschine, derer Einrichtung und Verbindung mit dem Zuleiter und den Verstärkungen aus der Zeichnung genugsam erhellet.

Fig. 11. Ein Maschinchen aus dünnem Messingdrat, das dienet, den elektrischen Phosphorgeruch im hohen Grade merklich zu machen. An einer Achse, die in der Mitte beweglich ist, sind zu äußerst bewegliche Kreuze aus dünnem Messingdrat angemacht, die an ihren Enden eingebogen — aber einander entgegengesetzt eingebogen sind.

Fig. 12. Glöcklein von bekannter Anrichtung.

Fig.

Fig. 13. Ein Auslocker mit einem gläsernen Handgriff: die Schenkel sind aus Messing, und können weiter auseinander oder enger zusammen gebracht werden.

Fig. 14. Die Batterie, in einem Kästchen, dessen Boden mit Blech belegt, und dieses auf einer Seite mit dem Fußboden n o p q, auf der andern mit der Verstärkung mittelst eines Hacken A in Gemeinschaft ist.

Fig. 15. Der Quadrantenelektrophor besteht aus einem hölzernen Säulchen, das unterhalb mit einem Ring aus Messing versehen, und 6 Zolle hoch ist; in dessen Mitte ist eine Schweinsborste angemacht, so, daß ein Ende derselben der Mittelpunct eines beinernen Halbzirkels ist: die Schweinsborste ist durch eine messingene höchst bewegliche Achse durchgesteckt, an dieser Stelle etwas angebrannt, daß sie nicht durchschliest, und unterhalb mit einem Kügelchen Holundermark versehen.

II. Tafel.

Fig. 16. A, B, C, D sind gläserne Cillinderchen, die auf Untersätzen von Glas ruhen,

nud

und allerlei Positionen fähig sind. Gegen das Extrem von A nähert eine Hand eine geriebene Siegellack = oder Glasstange.

Fig. 17. A stellt vor ein Cilinderglas, in welches ein Becher von Pappendeckel C mittels des gläsernen Handgriffes a b gesetzt werden kann; B bedeutet einen andern Becher, in welchen das Cilinderglas einpasset und D stellet das Cilinderglas vor mit dem Becher C von innen und dem Becher B von aussen.

Fig. 18. Eine Verstärkung, die auf einer Glastafel isolirt steht von innen mit den Glöcklein bei E und von aussen mit den Glöcklein bei D in Verbindung ist.

Fig. 19. A B ein Glascilender, der von innen und aussen mit einem beweglichen kleinern aber dem Glase anpassenden Cilinder e f versehen ist: dieser Cilinder sitzt auf einer Glassäule und ist dadurch isolirt, a ist ein Knopf, der in das innere Beleg eingeschoben und einem Auslâder b angenähert ist. m n ist ein Kettchen, das auf den Tisch herabhängt, und am äußern Belege angemacht oder davon weggethan werden kann. A ist eine Verstärkung, die mit dem äußern Cilinder aus Pappendeckel in Verbindung gebracht, oder davon entfernt werden kann.

Fig. 20. Ein Maschinchen, das auf einem Drate berganläuft: die Achse ist in der Mitte etwas eingeschnitten, einen halben Zoll lang, und zu äußerst mit beweglichen Kreuzen versehen: jedes Kreuz besteht aus Stralen zwei Zolle lang vom dünnen Messingdrat; die Drätlein sind alle nach der nemlichen Richtung — gegen die niedrige Seite eingebogen: an den Enden der Achse ist auf beiden Seiten ein dünner Messingdrat angemacht, und so eingerichtet, daß er etwas über zwei Zolle gegen den Drat, auf welchem das Maschinchen läuft, fortgeführt, und so über den Drat eingebogen ist, daß das Maschinchen nicht umfällt.

Fig. 21. Die Haspelmaschine, von der die Holzbinde abgenommen ist.

Fig. 22. Der Verdoppler; D eine Karavine A, B, C Scheibchen aus Pappendeckel, die mit Silberpapier überzogen sind.

Fig. 23. Das Mikro = Elektroskop.

Fig. 24. Das nemliche Werkzeug — simpler.

Fig. 25. Eine Kleidung über eine Helmstange aus Blech.

Fig.

Fig. 26. Schinen aus Eisen zur Blitzableitung.

Fig. 27. a eine Schraube mit einem Kopf b. Die Schraubenmutter; c ein Stückchen Blei.

Fig. 28. Stangen zur Blitzableitung, die an den Enden breitgeklopft und gelocht sind.

Fig. 29. und Fig. 30. Mauerstifte.

Fig. 31. Ring, der an einer Helmstange anzumachen, und daran die Ableitungsschine einzuschrauben ist.

Fig. 32. Ein Gebäude AB, woran eine Blitzableitung angemacht, und die Ausleitung b in die Erde versenkt vorgestellt wird.

Fig. 33. Ein Gefäß mit brennbarer Luft.

Fig. 34. Ein Harzkuchen, auf dem ein Stativlein sitzt, über dessen Spitze ein Pfeil aus Holz, oder Metall gelegt, und beweglich ist.

Fig. 35. Ein Mikro = Elektroskop — einfach.

Fig. 36. Sogenannte Stecher, ein Instrument zum Funkenziehen aus medizinischen Absichten.

* Beizusetzen ist, daß nur jene Figuren gezeichnet worden, welche der Verfasser unumgänglich nothwendig hielt: um das Buch durch die vielen Kupferstiche nicht zu vertheuern.

Fehlgedruckt.

Maschiene statt Materie S. 41. Z. 5.
Diese statt dieser S. 111. Z. 20.
so naß statt naß, so S. 112. Z. 2.
besitzt man statt so besitzt man S. 115. Z. 12.
Materie statt Batterie S. 143. Z. 4.
Ladungsflache statt Ladungsflasche S. 151. Z. 18.
das statt daß S. 188. Z. 12.
der Scheibe statt die Scheibe S. 202. Z. 20.
die Scheibe statt der Scheibe S. 202. Z. 21.
mir statt nur S. 203. Z. 15.
ist das Glas statt in den Hals S. 206. Z. 25.
Blicke statt Blitze S. 244. Z. 11.
auf statt also aufgelegt S. 245. Z. 24.
Gestäude statt Gegenstände S. 247. Z. 11.
Flecken statt Flocken S. 249. Z. 11.
Brüht statt bricht S. 252. Z. 16.
Behalter statt Behälter S. 269. Z. 8.
Vertheider statt Vertheidiger S. 282. Z. 16.

München, gedruckt bei Joseph Zangl, Stadtbuchdrucker.

www.ingramcontent.com/pod-product-compliance
Lightning Source LLC
Chambersburg PA
CBHW021353210326
41599CB00011B/858

* 9 7 8 3 7 4 3 6 2 2 6 0 9 *